漫步读书　漫步工作　漫步思索　漫步问题

漫步
城市规划

张　泉◎著

中国建筑工业出版社

审图号：GS京（2023）0976号
图书在版编目（CIP）数据

漫步城市规划 / 张泉著. —北京：中国建筑工业
出版社，2023.6
ISBN 978-7-112-28484-9

Ⅰ.①漫… Ⅱ.①张… Ⅲ.①城市规划—研究 Ⅳ.
①TU984

中国国家版本馆CIP数据核字（2023）第042882号

责任编辑：黄　翊
责任校对：王　烨

漫步城市规划

张　泉◎著

*

中国建筑工业出版社出版、发行（北京海淀三里河路9号）
各地新华书店、建筑书店经销
北京雅盈中佳图文设计公司制版
建工社（河北）印刷有限公司印刷

*

开本：787毫米×1092毫米　1/16　印张：14¼　字数：197千字
2023年5月第一版　2023年5月第一次印刷
定价：**68.00**元
ISBN 978-7-112-28484-9
　　（40957）

前 言
PREFACE

作为综合性强、交叉性复杂的学科或领域，城市规划从来不乏各种各样的理论论述、方法探讨、案例剖析、事实阐述；常在的实践探索、丰富的信息交流、不同的观点融聚，汇成城市规划知识的汪洋大海。

笔者不揣浅陋，以从事城市规划学习和工作的经历为基础，表述相关的体会和困惑，以期与城市规划同行以及对城市规划感兴趣者作一交流。

书名"漫步城市规划"中，"城市规划"自不待言，取名"漫步"有两点考虑。一为本书不是时下多行学术形式的专著，只是选择城市规划中的一些问题，比较随性地谈一些个人认识；二是很多基本想法系在南京外秦淮河边散步或健身房内跑步机上所得，"漫步"既能反映出笔者对本书表述风格的主旨，也是对这个特殊思索环境和状态的一种留念。

全书分为四个部分。

第一部分：漫步读书——"城市规划"与"什么"。表述对"城市规划是什么"与"什么是城市规划"的读书学习和认识。

第二部分：漫步工作——怎么做城市规划。以笔者工作实践为基础，阐述对城市规划编制、城市规划实施管理和城市规划法制、法治工作的认识，以及相关案例的简介和反思。

第三部分：漫步思索——城市规划的基本特点及其启示。从构成要素、载体、内涵及其相互关系等方面，分析城市规划的基本特点，以及由这些基本特点而产生的思想方法、工作方法、素质能力等需要。

第四部分：漫步问题——对几个问题（概念）的认识。笔者对城市规划中的城乡关系、古今关系、新旧关系、导向关系等问题提出了看法，以及对有关城市设计、建筑规划管理、风貌协调等问题的一些困惑，以期得到读者的指教和解惑。

目 录
CONTENTS

前言

地上天下，城市规划。城市是人类的家园，城市规划在其中如同空气般的存在，无感而无不相关。夫见为"规"而不能不审，戈刀成"划"则不可不慎也！

笔者从事城市规划的职业生涯不经意间已成过往，而今能够从容地在城市规划的林海中漫步，眼随所遇、心随眼见、手随心思，与城市规划同行和对城市规划有兴趣的同道交流。

林海茫茫，千藏万有；弱水三千，各取一瓢。漫步读书，读有所悟；漫步工作，作有所历；漫步思索，思有所得；漫步问题，题有所识、问有所惑。四处漫步，悉奉君前。

第一部分 漫步读书
——"城市规划"与"什么"

"每一门学问都有一个开端。在开端处，这门学问就划定它涉及的范围，研究的问题和方向，甚至还根据问题的性质制定出研究的方法。这样，开端也就是学问的前提，是学问得以展开的根据"[①]。

城市规划是什么？什么是城市规划？可以作为研究、探讨城市规划的开端。

这不是同一个问题的绕口令，而是两个非常不同的问题。

从语法角度，两个问题的主语不同，一个主语是"城市规划"，对象特定，"什么"需要明确、鉴别；另一个主语是"什么"，对象不定，"城市规划"需要选择、归类。

从内涵角度，"城市规划是什么"，问的是城市规划的本质，相同的本质不能构成自身得以成立的特点，独有的本质才是"是什么"的定义核心所在。例如能够主动地运动是动物与其他万物的区别，拥有复杂思维能力是人与其他动物的区别。"什么是城市规划"，问的是城市规划所包括的内容，即"城市规划包括哪些内容"。内容多由城市规划的客观需要确定，在一定条件下，尤其是新增加内容时，也可以由主观认识进行归类和纳入，或者通过外部主动授予、划归城市规划。不断新增、拓展的如市政、通信、轨道交通、生态等城市规划内容，就是通过这类渠道被纳入或授予、划归的。同样，城市规划内容的减少，也有客观、主观和外部主动等不同渠道。

---

① 俞宣孟.恢复中国哲学本来面目 [J]. 哲学文析，2021（5）：40.

从作用角度，"城市规划是什么"，主要是在弄清楚城市规划本质的基础上，明确城市规划学科的基本特点，分门别类地选择所需内容，有针对性地进行专业研究和人才培养；"什么是城市规划"，主要是明确城市规划的内容范围、职责范围、关联范围，进行城市规划工作的组织，以及按此需要进行相关的学习、研究。

从历史角度，被宽泛、概括定义为"居民点"的名称，如国、都、城、市、城池、城市、建制镇、乡镇、集镇、村、庄等，尤其是各类居民点的内涵和形式，多具有鲜明的不同地域与时代的特征。但"城市规划是什么"，其本质是基本不变、一脉相承的：在物质功能方面组织生产生活，在精神功能方面体现对善、美的向往和追求，在载体方面是以用地为基础，以各种建、构筑物为主体，按照一定客观规律和人为规则组成的城市空间，在形式方面是一种决策和为了实现这种决策的各项相关行动。"什么是城市规划"，则主要反映了随着经济社会发展、科学技术进步、文化文明变迁、决策导向选择等各种变化，城市规划在具体内容和行为方面的不断演变。

这两个问题的意义有显著的区别。"城市规划是什么"是本质性、目的性的，是明确、研究、解决城市规划问题的基础和立足点，是城市规划学科应当首先澄清的基本点。"什么是城市规划"是应用性、目标性的，主要是判断"什么"属于城市规划，一般是学界观点；也有很多时候是决定"什么"归为城市规划，通常属于一种决策行为。例如，史料记载可以证明，自唐代以来，历代朝廷的"舆服制"中多把建筑面宽的"间"和建筑进深的"架"的数量纳入现在所谓的"城市规划管理"的制度范畴，而对商贸场所的选址规划管理更可明确上溯到三千年前的周朝。

理所当然，在城市内涵更加丰富复杂的现当代，"什么是城市规划"需要立足于"城市规划是什么"的基础上，根据经济社会环境协调、持续发展的时代要求，科学地、动态地加以诠释。"城市规划是什么"应当作为探讨"什么是城市规划"的开端。

一、对城市规划几个常用名词的认识

现从以下几个基本名词进行探讨：规划，城市规划、城乡规划，空间规划，城市规划编制、城市规划设计，城市规划实施，城市规划实施管理、城市规划管理。

1.规划

《城市规划原理》（2010 年版）第四章提出：

"规划行为是一种无处不在的人类活动。规划不仅存在于城市发展领域，而且遍布各个行业和领域，甚至渗透到我们的生活细节"。

"一般来讲，规划是一种有意识的系统分析与决策过程"。

"不同领域的学者给'规划'下了不同的定义……尽管上述定义各自有所侧重和延伸，但我们仍可以从中读出规划的几条基本要素或属性：第一，既定目标，即规划必定是基于既定的、特定的目标；第二，行动或决策集合或序列，即规划必定包含一系列对于实现目标有贡献的决策或行动；第三，这些决策或行动的内在逻辑在于后向传递性，即上一项决策或行动引发下一项决策或行动，最终导致既定目标的实现"。

从以上阐述可以认识到"规划"的几个基本特点：

一是普遍性——"一种无处不在的人类活动"，不是城市规划独有。二是有既定的特定目标，没有特定目标就不能预先设想，也就不存在"规划"。三是有行动计划或行动，没有行动计划就仅仅是"理想"或者是"空想"；并且行动计划具有内在逻辑、后向传递的机能，行动计划不能切实可行也难免成为"空想"。

如果从更加宽泛的视角来看，动物中也有类似行为。中央电视台曾经播放过动物学家对猩猩的研究视频：一只猩猩发现了大树根部地下的白蚁巢穴，第二天它带来了两根硬树枝，先用一根钻通了蚁穴上的覆土，接着用第二根树枝（此时第一根已损坏）伸进蚁穴，粘出白蚁食用，接着又把树枝的一端咬成扫帚状，以提高每次粘出白蚁的数量。动物学家评价：这种行为说明猩猩也有规划意识，规划目标是要吃到白蚁，规划策略包括预先准备工具（很多动物的行为都说明，能否利用工具不是人类与动物的准确区别），准备了两根，还注意到经济实用（既不是三根，也不是一根）。

从更纯粹的角度来看，"规划"似应同时具备两个要素：一是预定目标，二是为实现这个目标的行动计划。"普遍性"是"规划"的存在状态，不是规划的特点；"行动"不属于"规划"本身，而属于规划的实施。

解决"规划"问题和解决"规划实施"问题，各自需要的知识、能力和其他众多要素存在很多重要的区别。同理，"实施"也不等同于"实现"。

2. 城市规划，城乡规划

《中华人民共和国城市规划法》（1989年12月26日通过）第一条即开宗明义："为了确定城市的规模和发展方向，实现城市的经济和社会发展目标，合理地制定城市规划和进行城市建设，适应社会主义现代化建设的需要，制定本法"，并从行政建制角度定义了"城市"，从空间范围角度定义了"城市规划区"，明确了城市规划制定与实施的相关内容和规则。

《中华人民共和国城乡规划法》（2007年10月28日通过）第一条则明确："为了加强城乡规划管理，协调城乡空间布局，改善人居环境，促进城乡经济社会全面协调可持续发展，制定本法"。该法根据国家当时的发展阶段重新审视城乡发展差距，强调城乡统筹的要求，从行政层级和技术层级角度定义了城乡规划的内容："本法所称城乡规划，包括城镇体系规划、城市规划、镇规划、乡规划和村庄规划。城市规划、镇规划分为总体规划和详细规划。详细规划分为控制性详细规划和修建性详细规划"，并根据新的发展形势和要求，明确了城乡规划制定与实施的相关内容和规则。

　　这两部法律都是从依法行政的管理工作角度制定的，可以理解为其主要界定了当时"什么"是"城市（乡）规划"，而学术性的关于"城市规划是什么"的解释本就不属于立法的必要内容。

　　关于从专业学术角度探究城市规划的本质，国内外都有大量的论述，例如：

　　苏联《城市规划原理》："在社会主义条件下的城市规划就是社会主义国民经济计划工作与分布生产力工作的继续和进一步具体化"[①]。这种以生产力布局为重点的理念显然是计划经济的产物，曾经对我国特别是国民经济奠基期和恢复期的城市规划工作产生过比较广泛的影响。

　　日本："城市规划是城市空间布局、建设城市的技术手段，旨在合理地、有效地创造出良好的生活与活动环境"。与这个理念相对应，生产力布局通过全国综合开发规划（类似我国的国土规划）进行部署、指导和控制，这是依据日本的国土面积、城乡分布特点而产生的规划应对举措。

　　英国《不列颠百科全书》："城市规划与改建的目的，不仅仅在于安排好城市形体——城市中的建筑、街道、公园、公用事业及其他的各种要求，而且更重要的在于实现社会与经济目标"。

　　美国国家资源委员会的解释："城市规划是一种科学、一种艺术、一种政策活动，它设计并指导空间的和谐发展，以满足社会与经济的需要"。

　　英、美都明确把满足经济社会需要作为城市规划的目的。其中，科学、艺术、政策是城市规划的三个核心要素，空间和谐发展是预期目标，满足社会经济需要是目标的价值。

　　我国比较权威、经典的专著《城市规划原理》（2010年版）第四章"城市规划的价值观"中如此表述城市规划的任务："城市规划是

---

　　① https://baike.baidu.com/item/%E5%9F%8E%E5%B8%82%E8%A7%84%E5%88%92/491164。
下文关于日本、英国、美国的内容来源同此注释。

人类为了在城市的发展中维持公共生活的空间秩序而作的未来空间安排。这种对未来空间发展的安排意图，在更大的范围内，可以扩大到区域规划和国土规划，而在更小的空间范围内，可以延伸到建筑群体之间的空间设计。因此，从更本质的意义上来说，城市规划是人居环境各层面上的以城市层次为主导工作对象的空间规划。在实际工作中，城市规划的工作对象不仅是在行政级别意义上的城市，也包括在行政管理设置意义上的、市级以上的地区或区域，也包括够不上城市行政设置的镇、乡和村等人居空间环境……而所有这些对未来空间发展不同层面上的规划统称为'空间规划体系'"。

这段表述的核心是："城市规划是人居环境各层面上的以城市层次为主导工作对象的空间规划"，而从工作层面向上延伸至区域规划和国土规划，向下延伸至乡村居民点和建筑群体之间的空间设计——城市设计。这样的表述包括两个角度，一是城市规划学科的专业特点角度，二是城市规划的工作组织角度。

以上各种不同表述说明，国情、社会体制和经济社会发展的阶段、任务，是定义城市规划内涵的基本依据，也是确定城市规划任务的主要依据。同时也从侧面说明，城市规划学科、学术的定义与城市规划工作的定义，在范围、内容方面有明显的差异，城市规划工作可能或必须由更多的内容组成。不应把学科建设和工作组织混为一谈，或以工作内容定义学科内容，就像不能以建筑行业工作的内容定义建筑学的学科内容一样。从大的方向性概念来看，似乎工作比较重视横向关联的差异性特点，而学科还应更加关注纵向深入的专业性和系统性特点。

例如，因为乡村与城市的定义有很多天然、客观的区别，乡村规划的一些基本原则就需要与城市的规划有所区别，甚至背道而驰，但在学科、专业方面，其仍然是城市规划的组成部分。而对于不同类型和层次的空间规划，总体而言，小比例尺度的技术方法适用于研究宏观问题，大比例尺度才适合研究微观问题。例如区域规划着重于发展战略、发展政策和宏观空间结构，图纸比例多小于 1：50000；城市总体规划着重于城市空间结构布局和空间政策措施，图纸比例多为 1∶50000~1∶5000；城市设计深入到以人的个体的具体行为、心理为研究对象，图纸比例甚至达到 1∶1000~1∶500。基本工作图纸比例大不相同的需求特征，客观地反映了不同尺度的规划分别对应着各自适合探讨的层次的空间问题和目标。

这些不同层次的规划，从工作需要角度被纳入统一的规划工作体系；而这些规划的层次区别，则需要相应的学科专业内容，需要相应的思维方式、技术标准，乃至相应的阅历经验。对学科、专业的人才培养、成长而言，就有深入专注与广泛涉猎的内容选择和时段选择。

3. 空间规划

"所有这些对未来空间发展不同层面上的规划统称为'空间规划体系'"[1]。

作为一个专业名词，"空间规划"也需要有明确的范围。"规划"意味着时间，如果没有明确的范围，"空间规划"之外就不剩什么了。

已经存在的空间类规划包括城乡规划（含地下空间规划），土地利用规划，国土规划，生态环境规划，交通规划，水利规划，各类管线规划，民防、抗震等城市防灾规划等。

从治国理政工具角度构建的国土空间规划体系，把众多空间类规划分为五级、三类：按照行政管理层级分为国家、省、市、县、乡镇五级，按照规划内容分为总体、详细、专项三类。

如果从空间的三维特点角度，空间类规划似乎也可以分为三类：空间类、空间依托类（功能类）、空间支撑类（线网类）。其中，空间类规划的特点是立体性、综合性，主要是城乡规划，通过高度、尺度、比例、容积率和景观等全面、形象地体现城市空间和各种相互关系；空间依托类规划的特点是平面性、功能性，主要有城乡规划、土

---

① 吴志强、李德华. 城市规划原理 [M]. 北京：中国建筑工业出版社，2010.

地利用规划、国土规划，通过用地类别反映空间的功能类别和基本功能关系；空间支撑类规划的特点是网络性、工程性，主要是各类交通和市政基础设施规划，保障城市空间的功能和内涵素质。空间尺度和技术内涵、深度的区别体现了三者的不同作用。

4.城市规划编制，城市规划设计

不同于城市（乡）规划的对象主体——城市与乡村居民点自身的性质特点的区别、城市规划编制和城市规划设计的区别在于"编制"与"设计"各自的技术特点。按照字面意思和通常习惯用法，其主要区别是在技术手段、技术深度和成果形式三个方面，因此分别适用于不同的规划目的。

编制，重点在"编"，例如"编织""编排"等。主要依据现有的和可掌控的资源，按照资源的相关逻辑进行推理、组织和制作，更多地侧重于客观性、逻辑性。一旦脱离客观性，编制就成了"编造"，而缺乏逻辑性就是"拼凑"了。当然，"拼凑"也可以有拼凑的逻辑。

设计，重点在"设"，例如"设想""设立"等。设计当然也离不开可靠的现实基础、客观规律，但与"编制"相比，更多地侧重于主观性、创造性，常常考虑一定条件，先行设定目标，然后结合条件制定实现目标的计划。违背客观规律的设计难以获得成功，缺乏想象力、创造力则很可能只是平庸的设计。

"编制"和"设计"在城市规划实践中一般有以下区别：作为技术工具，编制是为了实施，或者从更直接的作用关系说，是为了后续的设计，任务的空间范围尺度一般较大；设计是为了落地，或者是为了与建筑设计的紧密衔接，任务的空间范围尺度基本都小于编制，所用的比例尺多大于编制。在思维方式方面，编制重推衍式，步步为营；设计有跳跃式，重在"灵感"。在逻辑方向上，编制基本是正向的——始终把握主干，逐步前行、扩展、深入；设计的逻辑有时，特别在空间形象方面是反向的——"灵感"先设立，反向推衍，组织落地。

因为空间的连续性、尺度的连贯性，城市规划编制与设计的各自覆盖范围也难以截然分开，规划行业众多单位都冠名"规划（意指编制）设计研究"就是印证。从长期、普遍的实践来看，城市规划的"编制"与"设计"一般存在以下特点和区别，如表1-1所示。

规划编制与规划设计特点比较　　　　表 1-1

	尺度特点	主要功能	主要内容	用图比例
编制	宏观性	重在引导、规范，公共政策	功能空间、政策空间、非物质空间，文图并重	小比例尺图纸（通常小于1：2000）
设计	微观性	重在实施、落地，利益相关	行为空间、视觉空间、物质空间，侧重图则	大比例尺图纸（一般大于1：2000）

从以上特点的比较不难看出，"城市规划编制"与"城市规划设计"的核心区别是在政策性、空间性、立体性方面；对应我国目前的学科专业重点内容的设置，也可以说是在不同的学科专业特点方面。

5. 城市规划实施

城市规划实施这个词本身就说明：城市规划不等于城市规划实施。"城市规划"是上一层概念，在一定的语境下，可以包括但不等同于"城市规划实施"，当然也可以包括而不等同于城市规划编制设计。

城市规划编制设计是制定计划，城市规划实施是按计划行动，制定（按照城乡规划法律概念，"制"指编制，"定"指审批）城市规划的目的就是为了实施。从这个意义说，城市规划编制设计实际上有两类服务主体：一类明确的服务主体是城市规划编制设计任务的委托方，服务要求也是确定的；另一类即城市规划的实施方，因此要求必须具备实施可行性。

城市规划的实施主体在编制设计阶段又可以分为两部分。明确的部分就是编制委托方，即负责实施的是公共财政或政府部门；另一部分是社会，具体实施主体是待定的，当然主体的大概特性可以预测或预设。这两类不同特性主体的实施能力、敏感点和实施的目标导向等，都可能给城市规划的实施带来直接影响。

我国实行以公有制经济为主体、多种所有制经济共同发展的基本经济制度，各种所有制的经济体都有可能成为城市规划的实施主体。城市规划实施主体的不同构成，对城市规划的实施可行性的评论参与、评判的角度尤其是评判结论，都有可能产生重要的影响。

在具体的城市规划制定中，如果仅仅把规划实施的可行性作为无主体的一般性经济技术问题，就很难说清楚这个问题该怎么回答，最终该由谁回答；可行性方面的遗留或隐性问题，一旦到了城市规划实施阶段，必定会成为规划实施中的问题。

城市规划制定成果必须符合实施的刚性需要，并尽可能提高实施的便利性，这就需要城市规划的编制设计与实施之间加强必要的沟通、协调。因为城市规划实施将包括广泛、大量的社会行为，因此，城市规划编制设计要提高规划可行性，就必须从满足实施需求的角度，加强对社会的了解和与有关方面的沟通、协调，包括实施主体、利益主体、习惯、知识、专业、规则等，常涉及社会学、经济学、心理学、法学、管理学等诸多方面。

6. 城市规划实施管理，城市规划管理

此两者都属于行政管理，法定管理主体都是政府组成部门，但管理的层级、内容范围有区别：城市规划实施管理是城市规划管理职责中的一个组成部分。

城市规划管理，包括城市规划制定管理、城市规划实施管理、城市规划法制与法治管理、城市规划信息管理、城市规划政务管理等不同板块。每个板块都需要有针对性的相关专业知识和能力支撑，相对独立、相互关联、互为依托、形成整体，保障城市遵循城市规划有序、健康、持续发展。

城市规划实施管理，是对与实施城市规划直接相关的内容和行为

进行管理，一般包括用地规划管理和建设规划管理；对某些建设项目的选址也需要进行规划管理，有单独进行选址管理和把选址与用地合并进行规划管理两种主要方式。

城市规划实施管理的一般主要依据包括：相关法律法规和规章规范、依法批准的城市规划制定成果——最主要的具体基本依据、符合相关规定的专门咨询（如咨询会、论证会、听证会等）成果、相关决策、工作程序制度等。

城市规划实施管理工作的核心内容是建设项目与规划的关系，基本标准是依法行政，基本方法是统筹协调。

从以上名词的认识可以看出以下几点。

城市规划的内涵广博庞杂，有多角度、多层次的不同体验和理解，对其具体内容需要认真分析、准确界定，不应模糊混淆、似是而非。城市规划、城市规划学科、城市规划专业、城市规划行业、城市规划部门、城市规划工作等，各有自己的目标、任务和知识、能力等需要。

例如"城市规划是龙头"，此处的"城市规划"不是指某个具体的规划成果，也不是指某方面、某项城市规划工作，更不是指某个部门、行业，而是指城市规划对城市的建设、管理、发展能够发挥的引导作用。"城市规划"在很多时候还是一种社会性日常用语，面对一棵行道树、一段人行道路面的问题，社会舆论通常会责问"城市规划怎么搞的"，"城市规划滞后""城市规划水平不高"也是经常可以听到的评论，而且往往成为某些随意改变城市规划的行为的潜台词和前奏。

"城市规划部门"是政府组成中主管城市规划工作的责任单位，其权力由相关法律和政府的部门职责分工制度授予、确定。但"主管"不是"全管"，在城市规划主管部门的职责以外，政府、人民代表大会等决策领导机构指导、审议、批准城市规划就是极其重要、关键的城市规划工作，其他有关部门也有属于城市规划范畴的工作，或与城市规划直接相关的工作内容和职责。

"学科、专业"更加注重科学的原理、严谨的方法。学科自身的基础理论、基本技术手段应当明确；学科、专业的内容、层次等的设置，基础理论，基本技术手段，以及工作需要、市场需求、职业道德的相关性等，其源流、主次适宜厘清。教学内容方面，包括城市规划的编制、设计、实施、实施管理等内容的取舍；规划人才培养方面，包括应用型、研究型、管理型、经营型、综合型等多样化的选择。应用型的科学发展需要紧跟和引导时代的步伐，而学科自身的科学特点、客观规律与社会分工的阶段性变化不宜混为一谈；城市规划学科必须服务于城市规划工作，但在领域、内容方面，二者不是等同的。

名词需要准确定义，才能正确发挥作用和引导发挥正确的作用，无怪乎孔夫子高度重视"正名"。为了方便表述，对以上各类名词，除了笔者认为必须要明确区分之处，在本书以下表述中统称之为"城市规划"。

二、古代中国城市规划的时空节点及典型案例

就"规划"的广泛意义而言，城市规划行为应与城市同生，甚至早于城市的出现，当然，最初的城市规划行为很可能是"猩猩式"的简单却宝贵的从0到1的突破性发端。据当代考古的实物发现和史学界考证，"河图""洛书"就是七千多年前的中国先人对于时空的观测分析、总结提炼的原始辉煌成果，方、位、向、相、阴、阳、数、轴、对称等现代城市规划中的常用理念，在其图案中及其概念定义、相互关系等方面已基本定型，在许多出土的当时文物中已经得到普遍使用。

从迄今发现的关于城市的各类史迹、史料来看，人类聚居产生或形成城市，更确切地说，是人们把采取一定方式、达到一定规模的聚居点称为"城市"。史迹证明，最初的城市就是居住的集聚，住房、道路、防卫设施是基本要素。随着手工业的专门化、聚居规模的扩大和城市文明的演进，逐渐出现了不同功能的空间分离，如祭祀区、居

住区、工场区、贸易区、墓葬区等，以及各类功能中不同等级的分区、相关设施等。远在五千年前的良渚遗址的"建成区"面积就已经达到近3平方公里的规模，四千多年前的石峁遗址面积超过了4平方公里。辽阔的中国大地上，数千年来曾经出现过的城市不计其数。就目前可知的范围，从城市的规划特点的角度，有以下几个可以作为发展阶段区分的重要节点。

1.《周礼·考工记》——目前可以考证、有关城市规划的第一份规范

众所周知，《周礼·考工记》记载了迄今为止已发现的中国最早的城市规划规则，"匠人营国，方九里，旁三门。国中九经九纬，经涂九轨，左祖右社，面朝后市，市朝一夫"广为人知。现为进一步究明其内容而接着摘录几句："夏后氏世室，堂修二七，广四修一，五室，三四步，四三尺，九阶，四旁两夹，窗，白盛，门堂三之二，室三之一。殷人重屋，堂修七寻，堂崇三尺，四阿重屋。周人明堂，度九尺之筵，东西九筵，南北七筵，堂崇一筵，五室，凡室二筵。室中度以几，堂上度以筵，宫中度以寻，野度以步，涂度以轨，庙门容大扃七个，闱门容小扃三个，路门不容乘车之五个，应门二彻三个。内有九室，九嫔居之。外有九室，九卿朝焉。九分其国，以为九分，九卿治之。王宫门阿之制五雉，宫隅之制七雉，城隅之制九雉，经涂九轨，环涂七轨，野涂五轨。门阿之制，以为都城之制。宫隅之制，以为诸侯之城制。环涂以为诸侯经涂，野涂以为都（作者按：陪臣——诸侯的臣子的城）经涂……"

就其字面的要素内容，对应当今的城市规划名词，有城镇体系（王城、国城、都城）、城市规模、路网和路宽、布局结构（王城居中、卿城/宅拱卫、左祖右社、面朝后市）、用地比例（市朝一夫），重要建筑的体量、高度控制（结合夏、商两代），以及基于当时国家治理礼仪制度，在城市、建筑、道路方面的一些等级规定。置于《周礼》篇首的"惟王建国，辨方正位……以为民极"，更是强调了城市

和重要建筑的选址、朝向的重要性。这些内容直至春秋时期都是城市普遍应遵守的规划建设规则，著名的历史事件孔子"堕三都"[①]即可佐证。

就其记载的城市内容构成而言，除了市政设施以外，已经基本具备了当今城市规划，尤其是城市总体规划在物质方面的主要要素类型，可谓承前的总结、启后的垂范，是中国城市规划发展史上一个极其重要的节点。

2. 曹魏邺城，隋唐长安——里坊制的代表城市

经过西周数百年相对稳定、和平的时期，进入东周——礼崩乐坏的春秋战国时代，因为战乱频仍、社会动荡，在外部防卫和内部治安的社会管理需求下，催生出了里坊制。对历代古都的考古发现证明，春秋时期的城市遗址中已经有里坊的做法。从逻辑推想，这种做法便于当时的宗族、家族聚居，并利于管理和防卫。经过春秋至东汉近千年的演变完善，里坊制到曹魏邺城已经成熟，其后至唐近 800 年应为里坊制的盛行期。

曹魏邺城和隋唐长安在水系、绿化、设施等方面各自都有很多特点，但共同的重要意义在于，对传统礼制的遵循已经服从于防卫要求、社会治理和经济发展的需要（图 1-1、图 1-2）。自《周礼·考工记》后传统城制不断演变创新，王城居中、"面朝后市"演变为王城居城市中轴北端——君王南面天下，商市则随之布局在皇城的南部。至于东市、西市的集中式布局，从"面朝后市"推理，《周礼·考工记》中的"市"应该是集中式的，这是传统农业经济集市贸易需求的自然集聚方式、便利官营为主的社会管理方式。唐中期工商、手工业繁荣和民营经济方式蓬勃发展后，改变商市的集中式布局就是水到渠成。

---

① 见《史记·孔子世家》。

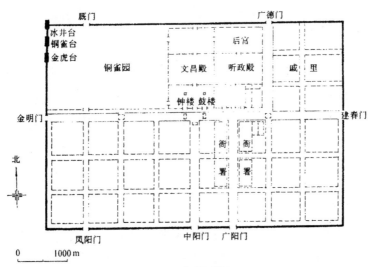

图 1-1　曹魏邺城图

（资料来源：潘谷西.中国建筑史 [M].6 版.北京：中国建筑工业出版社，2009.）

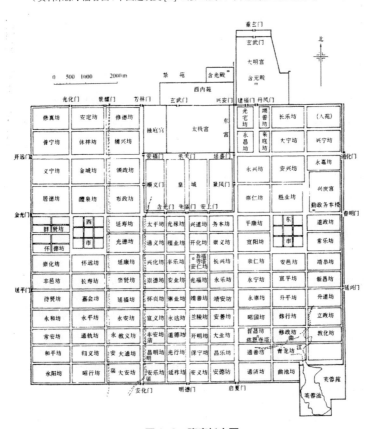

图 1-2　隋唐长安图

（资料来源：潘谷西.中国建筑史 [M].6 版.北京：中国建筑工业出版社，2009.）

3. 北宋东京（开封）、平江（苏州）——商业街

唐代汉族和其他民族之间各种形式的交流与碰撞，使手工业得到空前的发展兴盛。从《旧唐书》《新唐书》有关记载中可看出，当时的手工业门类众多，纺织、造纸、陶瓷、冶炼等是最具国家特色和竞争优势的支柱性产业，直接支撑了"丝绸之路"的繁荣。主要以厂家的形式批量生产，市上集中销售或是远销海外。厂家主要是官方经营，也有民间作坊。

可以想见，手工业的繁荣伴随着交流的频繁，传统里坊制已不能完全适应城市社会的生产生活需要；长安、洛阳等管理严格、可控性强的高等级城市，主要产业仍以规模、片状、官办为主，线状沿街布局的需求压力不够大，其他一般城市中，工商、手工业的沿街布局形式在唐代后期应已比较普遍地存在。

五代十国近 80 年群雄争霸的动荡时期，各藩镇国家无不想方设法发展本国经济，壮大自身实力，战乱灾祸与经济产业发展、社会文化交流同时并存。地处长江以南的九国相对稳定，经济更加发达，一些地区的工商、手工业发展甚至超过了唐朝盛时。尤其是拥有苏、杭二州的吴越国，立国 72 年，丝织、茶叶、印刷、陶瓷等百业兴旺，并大力发展海上贸易，经济文化发达，百姓安居乐业，是整个五代十国时期战乱最少、经济最繁荣的地区。

这样的发展背景，普遍催生了商业街的客观需求，流行两千年的里坊制布局终于成为历史。而根据城市已知总平面图面史料最早为北宋的东京（开封）、平江（苏州），其因优越的城市地位和宝贵的历史资料，被作为开创商业街的代表性城市（图 1-3、图 1-4）。

不应忽视的是，宋代留下平江府图碑的苏州，本是春秋时代的吴国大将伍子胥主持规划建设，当时开设的水陆八座城门至今仍在原初位置，相关史料、文字记录也从侧面说明了平江府图中展现的路河并行的双棋盘格局始于春秋初建期。

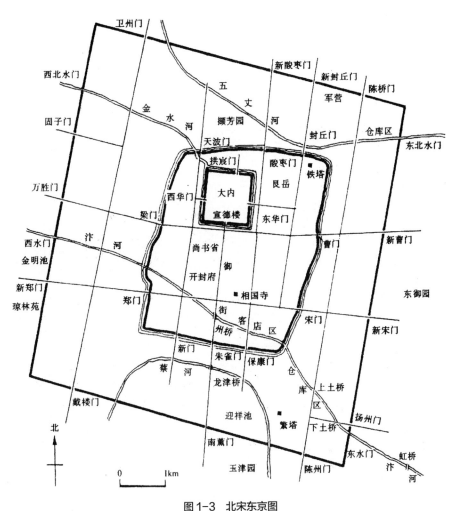

图1-3　北宋东京图

（资料来源：潘谷西.中国建筑史 [M].6版.北京：中国建筑工业出版社，2009.）

　　路河并行是江南水网地区应用较为普遍的一种城市道路交通网络布局结构，不是主要存在于黄河流域、平原地区的里坊制格局。依据当今中国的空间范围概念，说明古代在国家制度、中华文化的影响下，"因地制宜"进行城市规划，是城市风貌特色多样化的客观凭依、重要渠道和方法来源。

　　被公认为儒家创始人的孔子自称"克己复礼"，复"周公"之礼，即周武王的弟弟制定的"周礼"。在传承自西周人文的儒家学说作为社会文明主流的三千年历史中，首都的规划理念对城市布局起到很重

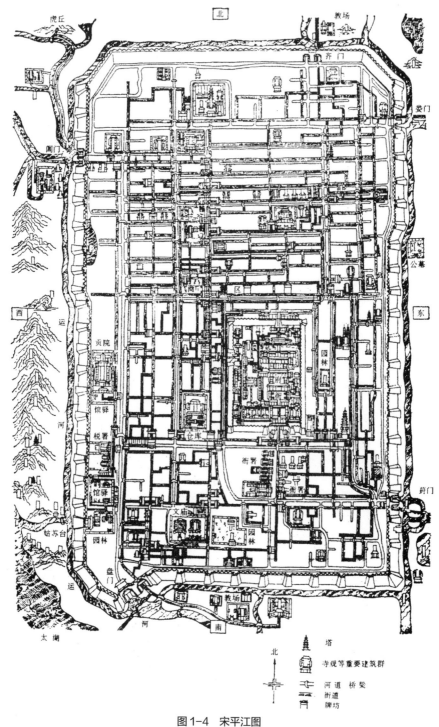

图 1-4　宋平江图

（资料来源：潘谷西.中国建筑史 [M].6 版.北京：中国建筑工业出版社，2009.）

要的典范和引领作用，其中的中轴、对称、进落层次对中国古代城市影响尤其广泛，而这样的城市布局结构理念主要体现于皇（王）宫的"三朝五门"布局。

最早记载"三朝五门"的是《礼记》东汉郑玄注疏，"天子及诸侯皆三朝"：外朝一，内朝二；《礼记·明堂位》有："天子五门，皋、库、雉、应、路"。但迄今发现的隋朝以前的考古实物和史料中，按照这种布局思路的都城寥寥无几，而三朝五门俱全者甚至一个也没有发现。自隋代恢复（或者说是"实现"）三朝五门制度，历代都城布局有纵有横，"朝""门"的数量、组合各有差异，名称和位置也多有不同，特别是哲学层面的概念和顺序尚未形成，更没有形成都城空间布局的规则，直至明代应天（南京）城出现。

4. 明初应天（南京）——城市形态和自然地理、三朝五门与城市轴线

国都的规划建设都是具有典型性和代表意义的，其中明初南京城规划的意义尤其特殊和重要。在思想文化意义上，因为刚刚推翻了元朝统治，强调恢复"汉家天下"，其对《周礼》系列传统文化的继承、演进非常广泛、主动；在空间意义上，其既有京城整体形态的因地制宜，又有皇宫布局的成功创新；在历史意义上，它创立了 14 世纪以来中国首都的城市规划思想和空间布局结构的范本，并一直传承至清末。

此外，根据笔者了解的多种渠道的历史资料证明，明太祖朱元璋是当时南京城规划的直接决策者，不少重要的规划布局结构意图甚至是朱元璋本人直接、首创提议。根据《明太祖实录》中不下百处的具体规划建设事项的记载，明太祖朱元璋特别强调推翻了元朝统治的大明皇朝"顺天应人"，极其重视恢复汉族主流文化，以《周礼》系列的规则，亲自确定明南京的规划、布局结构和当时几乎所有重要公共建筑物的选址、建设及其命名[1]。主要包括以下几方面。

---

[1] 张泉. 明初南京城的规划与建设 [D]. 南京：南京工学院，1984.

（1）全城形态和功能分区布局

①利用当时现有的元集庆路城作为生活区；在其东与紫金山之间填燕雀湖，规划建设中央行政区（皇宫和朝廷主要行政机构）；其西北作为军事区，部署数十个军卫（每卫人员编制 5400 人），重点防卫西、北侧长江方向。

②三大功能区之间布局太学——国子监，师生员工最多时有两万多人，占地超过 2 平方公里。利用国子监北侧山冈，布局历代帝王庙、明初开国功臣庙、福寿庙、城隍庙、关羽庙等颂扬文德武功的十座非宗教庙宇，和国子监共同形成宣传教化区（图 1-5）。并专门下旨，将山冈原以山形而名的"鸡笼山"改名为"鸡鸣山"，以示新朝廷的教化，旨在寓意雄鸡报晓、天下光明。

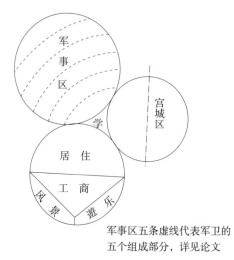

军事区五条虚线代表军卫的
五个组成部分，详见论文

图 1-5 明初南京城总体布局特征

（资料来源：张泉. 明初南京城的规划与建设 [D]. 南京：南京工学院，1984.）

③因地制宜连山筑墙，形成了形态龙蟠虎踞、古今独一无二、主体留存至今的世界文化遗产——明南京城墙（图 1-6）。

（2）中央行政区布局结构规划

①建立并完善了"三朝五门"布局制式

三朝为奉天殿、华盖殿、谨身殿；五门为洪武门、承天门、端门、

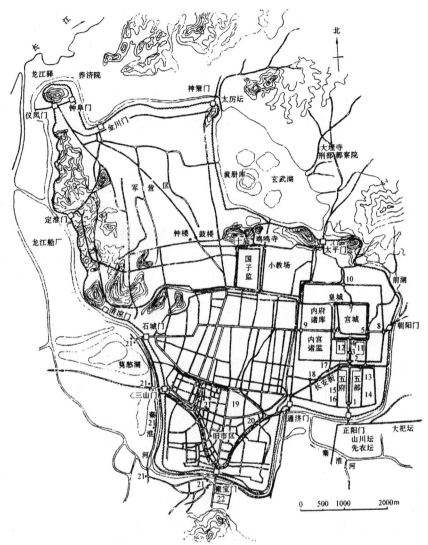

1—洪武门；2—承天门；3—端门；4—午门；5—东华门；6—西华门；7—玄武门；8—东安门；9—西安门；
10—北安门；11—太庙；12—社稷坛；13—翰林院；14—太医院；15—通政司；16—钦天监；17—鸿胪寺；
18—会同馆、乌蛮驿；19—原吴王府；20—应天府学；21—酒楼；22—大报恩寺

图1-6　明南京平面复原图

（资料来源：潘谷西.中国建筑史 [M]. 6 版.北京：中国建筑工业出版社，2009.）

午门、奉天门。

　　不同于以往任何朝代的布局形制，其一是把"三朝"第一次纵向
排列建造在同一个大平台上，二是把"五门"确定为从京城城门到朝
廷——天下第一殿之间的轴线（该殿之后轴线上的任何门都不纳入"五

门"概念），这个布局形制被明清北京一直沿用至今。

②创立了"三朝"的思想意义系列和"五门"的城市空间系列

"三朝"寓意"三才"——天、地、人，分别取名"奉天殿"——新政权顺应天意、奉天承运，"华盖殿"——新政权要像大伞一样遮风挡雨、泽被大地和万民，"谨身殿"——要加强自身修养、勤谨执政。

"五门"以五座门组成城市的南北向轴线主干，从空间序列上以中轴线把京城、皇城、宫城三重城结合为一个城市整体。由南往北的第一道门为京城门——洪武门，第二道门为皇城门——承天门，第三道门为仪式门——端门（一座独立门楼，两侧后安排东西朝向的辅助建筑，多存放皇帝大朝会、出行仪仗等宫廷用品），第四道门为宫城门——午门，第五道门为奉天殿的院门——奉天门。

③建立了朝廷机构集中办公区布局

在皇城南门（承天门）外中轴线的两侧，按"左文右武"（元代尚右——以右为上，明初朱元璋专门下旨按《周礼》传统恢复尚左）布局朝廷各大机构——吏、户、礼、兵、工五部，中、左、右、前、后五军都督府，唯有三法司——刑部、都察院、大理寺被布局在皇宫北边。《明太祖实录》中记载了朱元璋自己表述这样布局的寓意：星象图中，"贯索星"（中国传统天象文化中以此星负责肃杀，与人间的三法司功能相同）位于紫微星（象征皇帝、皇宫）之北；天人同理，因此把三法司单独布局到皇宫北边，而没有安排在朝廷各部集中办公区中。

明成祖迁都北京，利用在元大都皇宫基础上改建而成的燕王府（明成祖原被明太祖封为燕王）旧址，使皇宫位于全城的中轴线上，改变了明南京皇宫偏于城市一侧的遗憾，实现了"皇城居中"的传统理念；整体沿袭了南京"三朝五门"的思想意义系列和空间布局系列，并将以年号命名的"洪武门"改为以国号命名的"大明门"，同时（可能是因忌讳自己通过驱侄得位）将寓意"承天启运、受命于天"的"承天门"改为"天安门"。至此,明代北京终于成为《周礼》系列规划思想的集大成者。嘉靖皇帝重修三大殿时将殿名分别改为"皇极""中极""建极",在思想意义上更加强调皇权、皇位,但仍然是从天、地、人三个角度的表述。

清朝统治者为了巩固政权,注意缓和、化解民族矛盾,并积极吸收汉族的先进文化,对皇宫也几乎全部继承。只是必然地将以国号命名的"大明门"改称"大清门",三大殿则分别改名为"太和""中和""保和",各与奉天、华盖、谨身的思想理念基本同义,大殿的院门相应改名"太和门",明代北京的空间布局系列、思想意义系列得以全套传承。

5. 一般州县城

相对于都城的突出哲学思想理念以强调政治意义,一般州县城更加重视实用、适用;天象哲理为皇家专用,堪舆地理大家可用,"基层"更加习惯附会"风水"释义,玄学的神秘有时还可省却统一认识和解说的麻烦。

不同于隋唐长安等著名都城的统一规划和集中、突击建设,一般州县城基本都是因交通、产业的集聚和防卫的需求而逐步发展扩大,一些城市有内城、外城、子城、罗城等,都是发展过程中逐步拓展的产物,而一地财力和建设能力有限的特点更使得尊重自然、因地制宜成为其城市规划建设必须遵守的规则。

城市道路结构基本都采用三级街、巷网络(《考工记》有经涂、环涂、野涂),街分大、中、小街,巷也有"里""弄"等各种地方性名称,街巷网络中的全城性、地段性、入户性的功能级配基本沿袭至今。规模较大的城市常多一级主干道路(通常仅有一条),典型的如皇宫前的"天街"。

一般城市多采用纵横十字形干路,以至于迄今还留下不少"十字路口""十字街头"的典故。街巷十字正交是最普遍的基本方式,究其原因，十字正交的街巷结构最方便中国传统建筑的矩形特征和院落组合式布局；在人文崇尚"方""正""直"、忌讳"歪门邪道"的古代，道路、街巷非正交方式多是因地制宜的应对举措，基本没有主动人为的规划设计意图。即使在比较玄幻的风水说中，也多是采取设置某种小品等作为调节措施，偶尔有变动交叉角度的做法，但通常不会超过5°。莫名巧合的是，七八千年前的"洛书"所载方位的东西南北中就是正向十字正交。

6. 城墙形制

城墙形制方面，防卫当然是第一刚性准则，此外最大的影响要素就是山水地势，明代南京城就是依山凭水筑城的典范。

传统城墙的防卫性设施包括：马面、护城河与吊桥、水关，还有雉堞、敌楼、瓮城、礌礤等。《墨子》中对城墙的防卫建设技术就有专门的记载，其中马面现存最早的实物见于陕西省神木县的石峁遗址，证明了四千多年前我国先民就已经在城墙中实际运用马面，也说明了当时城市已经达到的防卫水平。

平原地带的城墙多是规则矩形，或因堪舆风水说、特殊需求而小有凹凸变化，偶有运用或附会某个特定概念如"八卦城"类的特异形态。水网地区，尤其有山丘分布地带的城墙多因地制宜、因山就势而形态多变，因此多为不规则矩形、多边形，少有近圆形，绝少方正矩形。

7. 对传统城市规划的基本认识

（1）城市、郊野、区域的传统关系像蛋黄、蛋清一样息息相关

城市是人类聚居的产物，起源于防卫的需求，离不开合适的水源，交通是城市的生命线；郊野是城市的温床、后院，更首先是生存和生态的系统保障；区域是城市的发展之基、意义舞台，城市是区域的主角，但从来离不开区域，不能孤立于区域。《周礼》开篇就是"惟王建

国，辨方正位，体国经野"[①]，充分证明中华民族的先人自古以来就认识到并利用了"区域"的重要作用。

《周礼·考工记》对郊野的表述、《管子》从日常生活必需品供给角度对城市人口规模所需乡郊面积的测算等，都说明了自古以来城市就是在区域中进行的选择。史料记载，长安、洛阳、南京、北京等国都的选择更是基于当时全国的经济分布、交通运输和军事趋势的考量。

（2）城市的规模与功能取决于客观影响

城市的规模与功能受到众多客观因素影响，很多时候甚至是决定性影响，例如城市的现有、潜在和创造的特点及其影响范围的大小，区位资源、物质资源、交通资源、文化资源等重要相关资源的稀缺性等。在市场条件下，城市规模的关键在于其城市功能的区域竞争力，生产的高效益、低成本，功能的市场需求度和影响力，生活的当代宜居和便利，都是城市规模增长的主要源泉。城市规划中需要根据具体城市功能的发展趋势和可能性，对城市规模恰当地预测、正确地安排。

主观因素在遵循客观规律的前提下发挥作用。例如城市的级别，一般城市规模和功能在已经具备相关条件之后获得相应的级别，属于对现状的一种认可；在某些特定条件下，城市级别也可以吸引发展资源集聚，对城市规模和功能起到引导和推动作用，典型的如国都和州府城市的确定，因此城市级别在区域中可以有影响竞争力的相对性作用。城市级别本质上也是一种独特性资源，首都、省会具有区域中其他城市不具备的相对性发展条件。所谓"相对性"，是指显然无法通过城市级别普调一级来解决发展问题，事实上我国当前众多沿海省份的省会已不是本省规模最大的城市。

（3）城市传统形态是自然人文为基、功能机制其里、空间形象其表

城市的总体形态主要取决于地形地貌，阴阳五行说、堪舆风水

---

① 见《周礼·天官·序官》。

说中"象天法地"顺应自然、利用自然、融入自然的原则是营造城市景观特色的传统美学基础。防卫需求在冷兵器时代对城墙的形态起到相当重要的制约性作用。"舆服制"的礼制等级性规定决定了城市各类建筑的体量、街巷结构脉络和轮廓线、天际线等形态关系。

随着经济社会发展，城市规模扩大，带来区域和城乡贸易交流的大量需求。明初即明确城乡基层管理单位，城内称"坊"，城郊称"厢"，乡村称"里"。明、清两朝期间，城市基本都发展出大片的城"厢"地带，而于城门口外集聚尤盛。这样的城市形态就是经济社会发展水到渠成和交通、地形地貌有机结合的产物。

（4）城市的布局结构主要是经济社会发展和社会管理的产物

城市的布局结构，除了受防卫、地形地貌等刚性制约以外，基本都是产业经济、社会结构和管理制度共同作用的逻辑性结果，城市空间结构是这些逻辑关系的形象体现。城市规划的责任是统筹这些要素，遵循客观规律，以城市规划的专门方式、专业规则进行组织和引导、规范，形成城市的空间秩序。

例如，里坊制主要考虑防卫和治安管理，适应于自然经济社会，而商业商贸的发展兴盛必然冲击这个制度，进入商品经济时代就冲破里坊制而产生了商业街、商业区。"宋太祖开宝三年'诏诸州长吏毋得遣仆从及亲属掌厢、镇局务'。这个诏令说明了当时宋朝已经在州城还有县城内设置了厢，分别由厢吏和镇将治理"①，宋太宗时期更确定了以厢统坊的城市管理制度。

现代市场经济出现了与传统不可同日而语的物流供应系统，这些载体来自于相应的生产能力、消费需求，其空间特点表现为相关建筑和道路的新关系，需要与之相适应的城市布局和交通结构，才能从空间上支持物流集散能力和社会治理秩序的需要。

---

① 施建雄，惠梦琪.李焘北宋史事考证及其方法[J].东方论坛，2019（4）.

家庭人口结构、经济能力、住宅形制、聚居方式等变化间接或直接地改变城市的空间脉络，或者说，城市的生成机理影响乃至决定城市的形态肌理，脱离生成机理而论形态肌理无异于缘木求鱼。在没有机动交通的古代，城市空间脉络主要取决于大中型家庭的规模。通常一户住宅有三进到五、六进院落，亦即南北向空间距离为 50~100 米；在历朝舆服制度的严格限制下，绝大部分每户面宽三到五间，其外侧常有廊道，亦即每户的东西向空间距离为 20~40 米。户的南北形成前后街，户的两侧或两户并连、各户一侧形成巷弄，如此延展织成城市街区脉络。

在这种传统居住模式下，街巷密度小的地段多是达官显贵、大户人家，街巷密度大的地段则必定是社会中下层的市民住户聚居；而宅基地产权私有的特点，住宅建筑、住户人口结构的相关历史演变，住户与城市的水陆交通联系方式等，则决定了街巷脉络具体走势的丰富、复杂状态。

在这些形成城市规划布局结构的各种要素中，起决定性影响的要素，是建立在当时经济社会和文化观念基础上的礼制、舆服制之类的秩序等级制度和里坊制、土地产权等国家相关管理制度，这些就是古代的城市规划管理的规定、规范、制度。

需求是发展的根本动力，本质是创新的成功源泉，需求与规划设计的关系不能本末倒置。生长得美与按美生长是两种不同的生长路径，就像一棵树，自有其内在发育规律和水土肥源、风阳区位，模仿和按照设定的美的规则生长只能适用于树桩盆景。城市规划的理念来源于生活、生产需求，由此而产生的形式才有生命力，片面"以貌取城"的表层思维理念早已经不能适应现代城市发展的客观规律。

（5）环境与城市相依相生、休戚与共

环境本是自然。传统农业和乡村是对自然的顺应利用，云南哈尼梯田、江苏兴化垛田、太湖溇港稻田等世界遗产，至今还形象地体现着古代"顺天应人"的人与自然关系。城市是对自然的改变，有城市才有"环境"的定义，就有"环境"的角度和立场。一旦环境成为问题，人与自然就会失衡；失衡到一定程度，人类就必须采取措施降低这种程度乃至恢复平衡。众所周知，工业化是人与自然失衡的推手，也是现代城市规划的产婆。

现代城市规划就是为了解决工业化带来的环卫、环保等环境问题应运而生的，提供解决环境问题的规划措施是城市规划最本质的常态任务，在现代发展趋势和文明条件下，城市规划更应当具有保护环境的自觉和主动。当然，解决环境问题是为了保障发展，幸福生活是人类的普世目标，生活、生产、生态"三生"统筹、协调发展，在此基础上追求和实现城市的价值、生命的意义。

（6）城市设施是功能的支撑、成本的内涵，需要全面认识

城市设施因应解决城市健康发展的需求而生，随着科学技术的进步而创新、更新。城市设施系统门类的创新、更新必然影响到城市的功能质量、运行条件和衍生规则，并与城市结构、用地布局、网络系统、空间环境密切相关。总体而言，除了通常"先地下、后地上"的建设时序原则，城市设施的作用特点也需要给予特别的关注、利用或应对。

相关设施特别是交通设施对城市发展具有支撑、引导两种不同的基本作用，"要想富、先修路"，区域和城市都是如此，要保障交通设施的支撑作用，更应重视充分利用其引导作用。

设施的密度、强度与服务对象需求的对应，不是简单地按照地上规划被动地"一配了之"，而应当作为城市规划特别是详细规划的重要因素，容积率、建筑高度等的空间范围分布及其关键指标应当与现状和规划设施的经济技术可行性统筹兼顾；公共性投资的设施对相关地段、建筑的增值作用和减值影响等，直接涉及不同空间范围、不同利益主体之间的公平、公正等经济社会关系，应当与设施的技术因素统筹兼顾。

（7）社会人文、城市特色是城市的灵魂，工业化、全球化时代尤其如此

城市空间的本质就是日常生活、社会活动的场所和文明的结晶，人的行为心理，社会交往规律，公平、公正、秩序，宜居美丽环境等，都是这个结晶的组成部分。"空间的组织结构不单单产生于社会，同时也能反过来影响各种社会关系"[①]，现代城市空间载体内涵的丰富性需要行为科学、心理学、社会学、法学、空间科学等众多学科为之共同努力。城市规划需要紧跟时代的社会发展需求，对研究、管辖、工作等相应的范围，适时、合理地进行调整、完善才能健康发展。客观、合理的社会需求如同潮流，此路不通，必走他途，就像里坊制必然会被冲破，城市规划过去的发展历程为当前和今后的发展演变提供了历史的铜镜。

"什么是城市规划"，根源于经济社会和城市的发展需求，取决于管理和技术的决策，城市规划需要及时关注和呼应。然而"如果城市规划关乎所有的事情，那么它就什么都不是"[②]，弄清楚"城市规划是什么"——我是谁，是城市规划的立业之基、发展之舵，需要按照科学规律确定自身的基础、主干和分支，不应统包空间、无限延伸扩展；应当区分城市规划学科、城市规划专业和城市规划工作，各自始终遵循客观规律，扮演好自己的角色，完成好自己的任务，发出自己的特色光彩。

三、传统城市规划基本特征梳理集萃表识

传统城市规划基本特征梳理集萃表识见表1-2所示。

---

① 爱德华·W.苏贾.后现代地理学——重申批评社会理论中的空间[M].王文斌，译.北京：商务印书馆，2004：87-88.

② 彼得·霍尔.明日之城：1880年以来城市规划与设计的思想史[M].童明，译.上海：同济大学出版社，2017.

表1-2

中国历代城市规划的基本特征

年代	经济技术社会特征（水平、产业、交通）	城市规划							代表人物	主要贡献（观点、举措）	备注（实施主体等）
		类型	选址	住房	产业	交通	市政	空间特色			
旧石器时代（15000年前）	求生本能，依附自然，原始社会	原始群居	避禽兽，防雨洪	穴居、巢居	采集、渔猎	—	—	生死同穴，生上死下	有巢氏（部落类型）	人类建设初始创新	遗址有数十至百人规模
中、新石器时代（15000~5000年前）	工具分类，生产分工，功能分区	原始村落	近河湖水面，土地松软易耕作，向阳坡	地面建筑，地区分类	农、渔、畜、采、猎、冶炼、制作	—	—	固定居民点；制陶等手工业；公共建筑分区；聚落中心建筑为大房子，周围环绕小住所，其门都朝向大房子；地域各有特色	黄河流域如半坡遗址部落；长江流域如河姆渡遗址部落、良渚文化遗存	建筑：长方形逐步取代圆形、正方形形成为主导平面；由单室向双室、多室进化；屋顶有圆形、尖顶、人字坡、平顶等；出现柱础，柱使用柱基，轻混凝土等结构、材料	渭河一遗址达2公顷；半坡建筑群和中心建筑大屋；河姆渡一屋残长23米；良渚遗址近4平方公里
夏、商（5000~3000年前）	生活盈余，阶级社会，奴隶社会；以手工业和商业为主的城市，以农业为主的乡村	城乡居民点分离、分异	因农业、商业、交通的运输需要，城市多沿河流分布发展	在位置、高低、面积、间数、材料等多方面有等级区别	手工业、商业出现；人类第二次劳动大分工	步行	—	分区考虑功能、环境、社会地位、作用；出现王宫和宫室建筑，布局有规则、组合、朝向、方位重视	—	城墙出现，郑州商城遗址城垣周长合面积达数平方公里，城外郊区绵延25平方公里	同期其他国家大部分城市产生的过程相同

续表

年代	经济技术社会特征（水平、产业、交通）	城市规划							代表人物	主要贡献（观点、举措）	备注（实施主体等）
		类型	选址	住房	产业	交通	市政	空间、特色			
西周（公元前841~前770年）	以农立国，井田制；城市是政治、行政中心	—	—	—	—	步行为主；路宽按爵位和经涂、环涂、野涂分等级	—	为王建国，辨方正位；九经九纬（方格路网）；王城居中，前朝后市，左祖右社；内城外廓：筑城以卫君，造廓以守民	周公、制礼作乐，规范制度（一说《周礼》是战国后期整理）	中国城市建设的第一个高潮期；实行城规规模等级与建城爵位等级挂钩制度；城市基本布局制度、居住制度、建筑基本布局制度《周礼·考工记》	天文与人文；方位、等级、礼制、中心制、中轴、对称
春秋战国（公元前770~前221年）	奴隶制向封建制转变，铁工具出现并广泛应用，土地私有制确立，城市也是商业、手工业集中的经济中心、军事防卫中心	—	高毋近阜而水用足，下毋近水而沟防省（《管子》）；城市防卫建设技术	—	手工业细分工并世代传承，商业繁荣	马、车，步行并存，道路分等级	陶质排水管道	"凡仕者近宫，不仕与耕者近门，工贾近市"（《管子》）；冶炼、制陶等的多在西北侧，高台上建宫殿是都市中心；秦国闾里制度	管子、墨子、公输般、商鞅	制度基础上的多样化、功能分区、道路建设等；城市防卫技术；规整有组织的街坊制之始	战国齐临淄大城东西4公里、南北4.5公里，居7万户

年代	经济技术社会特征（水平、产业、交通）	城市规划							代表人物	主要贡献（观点、举措）	备注（实施主体等）
		类型	选址	住房	产业	交通	市政	空间、特色			
秦汉时代（公元前221-前220年）	生产行业门类远超前代	—	—	—	—	城市干道主要行驶车、马	都城有陶质排水管道	西汉长安利用秦代离宫逐步加建、扩建，没有统一规划布局；居住地段沿用"闾里"，四周有墙，门；闾里内按专门行业集中成肆	军匠出身的少府杨城延主持修建长安城和长乐、未央二宫	秦拆除六国国都城墙，实行"郡县制"；城市分行政等级。汉高祖令"天下县邑城"都要修筑城垣。西汉时期户集中于皇陵附近，形成陵城，消费型城市；开拓西北，建设城市	汉代城市约1700多处
三国、两晋南北朝时期（220~581年）	非统一状态，战争频繁。黄河流域人口减少，商旅不通，经济与城市建设发展滞缓；局部地段繁荣和时段繁荣。东晋衣冠南渡，江淮闽粤长足发展	—	—	—	—	—	—	曹魏邺城：分区更明确，城市布局中轴对称，丁字路交于宫门前，北端宫苑；东西大道，道北居官，作坊，管理机构孙吴建邺，东晋建康，沿路路布局。南北朝佛寺和庙前广场兴盛	—	后代都城基本布局，多如曹魏建邺城。东晋建康时经济宜。军政中心和经济中心分离，工业城市，商贸城市等类型增多	—

续表

年代	经济技术社会特征（水平、产业、交通）	城市规划							代表人物	主要贡献（观点、举措）	备注（实施主体等）
		类型	选址	住房	产业	交通	市政	空间、特色			
隋唐、五代十国时代（581~960年）	经济恢复、发展，沟通南北，运河漕运；驿站从长安通往全国；手工业昌盛，贸易发达，各宗教活跃；后期衰缓	长安（平地新建），洛阳（旧地新建）（有限制）	水系、水运	—	集中设市，同类聚集称行，百行兴旺（记载有220行）	道路功能类型丰富、等级多，城市路宽60~180米，坊内路宽十多米，更窄称"曲"；漕运供给都城	城市水系主要饮用；明沟排水，路边沟渠植树	畦分棋布，闾巷皆中绳墨。坊有墙，墉有门，通亡奸伪，无所容足。而朝廷官、市民居不复之相参，亦一代之精制也（北宋大防《长安题图记》）。坊内住户除三品以上官宅外不得破坊墙对城市道路开门	隋文帝、宇文恺	自两汉以后至于晋齐梁陈，并有人家在宫阙之间。隋文帝以为不便，于是皇城之内惟列府寺，不使杂人居，公私有便，风俗齐肃，实隋文新意也（北宋宋敏求《长安志》）	都城"里坊制"，一般州县及商业城市目前末发现有坊墙；民族城市多边远地，因地、因需、非考工《考工记》系列书
宋元时期（960~1368年）	奖励开荒、兴修水利，讲究耕作方法；市民阶层发展成长	—	交通要道出现商品流通的定期集市，有的发展为市、镇	—	商业、手工业繁荣发达，外贸、农副业发展	南方城市的街格交通进入城市	—	商业街道普及，商业交流沿河区或成商业区；同行业集中干街（区）；园林景观普遍发展	（后同）宋东京、宋临安，元大都	商业街取代了唐宋长安式集中市肆；手工业打破了宋传统规则布局；街巷取代坊里市坊制；手工业出现行业组织	宋代、江南城市为主（后世改建开拓城市）

续表

年代	经济技术社会特征（水平、产业、交通）	城市规划							代表人物	主要贡献（观点、举措）	备注（实施主体等）
		类型	选址	住房	产业	交通	市政	空间、特色			
明清时期（1368~1911年）	鼓励垦荒、屯田，水利建设，农业、手工业全面发展，并全国扩散，手工业专业化分工推进；地方商业、异地商贸、行商坐地商互动，城市中乡会馆、行业会馆蓬勃发展；城镇规模普遍增长，新兴城镇蓬勃发展，新建大量工匠所城，城镇系统不断完善		—	—	—	城市道路逐步成为市民的生活场所	—	规划建设和自发建设相融合，而自发影响不断扩大；厢坊（关厢）普遍出现，形状、路网不基规则；商业自由，沿活、沿河，或集中于大型庙宇周边；城市与宁间长足发展，私家园林发展，园林艺术成就辉煌	朱元璋	明初南京：皇宫的"三朝五门"、等制度；皇城、商业区、军事区、教育区的分区；里坊一体布局制度。明初官府侧设"官道"，以避风雨，后期逐步演变为日常商业，沿街商业建筑、道路变窄	主导要素：礼制、防卫、手工商业、地貌、交通、居住水平和习俗、庙会广场、园林绿化
中国古代城市规划基本特点	城市可分为基本两种：政治、军事目的而兴建的城市，因区位、经济条件而自发形成的城市	—	安全：自然防护、治安保卫、战争防御；生活：水；生产：因地制宜交通：水、陆	—	—	唐以前基本宽向宽，唐后窄《周礼》安，此后由宽向窄	—	平面：礼制（方位、等级、名位）、中心、对称、中轴、进深；剖面：高合、建筑高度、层高	思想者、决策者，执行者、施行者各自发挥作用	周朝始以《周礼·考工记》约束、引导规划建设，唐朝以后历代以舆服制度的规范约束城市的规划建设；乡村的规划通过乡规民约引导、规范	都城基本都由帝王亲自主持规定，建筑师按意图落实、建议

续表

年代	经济技术社会特征（水平、产业、交通）	城市规划							代表人物	主要贡献（观点、举措）	备注（实施主体等）
		类型	选址	住房	产业	交通	市政	空间、特色			
清末至新中国成立前	工商、矿业、交通影响，铁路、海运影响，战乱影响；抗日战争后沿海工业内迁；交通条件、区位变化对城市影响大	传统型、殖民型、半殖民型	沿海港口、铁路沿线、沿大运河	传统型、公寓型、花园洋房、楼宇	—	—	局部开始供电、供水，大城市局部设置电话、公交、煤气、污水处理设施	功能结构简单，平面沿袭传统，建筑风貌传统，殖民城市规划，外来文化影响，规划分区与自由、市场集聚	—	开始进行城市规划管理	—

资料来源：参考董鉴泓《中国城市建设史》第三版，潘谷西《中国建筑史》第六版，相关考古资料、文献、相关正史、实录、史料等。

四、城市规划理论的类别

梳理城市规划的实物案例和规划思想的记载，城市规划理论对城市的建设、发展毫无疑义具有重要甚至关键的指导作用。丰富纷纭的各种城市规划理论或理念、学说，可以按其产生的基点（出发点）和作用的主要领域分为以下几类。

1. 文化性理论

此处"文化性"包括哲学、美学、文化特色等。文化性理论主要产生、应用于古代城市的诞生、发育时期，其中《周礼》的有关内容最具代表性。

文化性理论的来源有两个主要途径。

一是来源于哲学理念、社会意识、民众习俗。中国古代城市规划理念、方法中最为源远流长、广泛应用的就是阴阳五行说、堪舆术，包括《周礼·考工记》等都城规划、一般城市规划的决策依据多是与之源出一脉，到了社会基层则演变为流传更加广泛的多种风水观念。

二是来源于决策者意志。古代中外的皇帝、国王、城市主政长官直接谋划、指挥、决策城市规划的案例屡见不鲜，多发生、应用于国都和特殊、重要城市的新建规划中。各种渠道的相关记载多如牛毛，其中专门记载皇帝日常工作和生活起居的实录最为集中。当然这种资料难免有对皇帝所起作用的夸大、溢美之词，但其直接参与城市规划并进行决策、指挥是毋庸置疑的。

文化性理论的主要目的是规范、引导社会的秩序和崇尚，作用是体现和限定城市空间的精神；传统方式是通过象天法地、象形法色、象数表义，以规划要素及其方位、色彩等关系反映社会文化关系，而不涉及空间构建的具体技术。其依托于其他理论才能实现，而往往成为其他理论关注和依据的点睛之笔、空间之魂。

都城多新建于王朝创立、兴盛期，政权需要树威立规、稳定社会；

一般城市也需要安定、适宜的日常生活、运行秩序。历史已经证明，以适宜的一种文化理念来引导、规范，形成共同遵守的社会秩序，在城市问题相对简单的时代是行之有效的方法。

内涵寓意是文化性理论的生命。文化性理论都有来龙去脉，不是灵光一现、飞来之峰；都有自己的系统，不是移花接木、意念拼盘。实施形成的空间视觉效果是文化性理论的生命力所在，易感、易视、易识别是获得广泛认可、社会支持、共同遵守的重要条件。看不明白、说不清楚就成不了理论，格调不合适那就连"文化"都谈不上，只不过是某些风行的、追求流量的导游式说词。

文化性理论具有鲜明的民族性、地域性。古代因为道路、交通等技术能力不强，人们交往、交流的范围和频次受到很大限制，在客观上为民族性、地域性文化特色的形成和发展提供了良好的环境和条件。这也给当今工业化、全球化中的城市规划带来明确的启示：景观可以模仿，文化无法复制，城市特色的本质来自于城市生活和生产的文化内涵个性，而不在于某些造型优美、风格新奇的建筑、园林或街区等外表性形象。个别主体具有的特色只能代表该主体，充其量可以成为城市的标志物，而无法成为城市的特色本体。

2.技术性理论

技术性理论古往今来都是城市规划理论体系的骨架和脊梁，其实践成果也是城市健康发展的刚性支撑。城市规划技术性理论发端于城市防卫需要，发展于生产生活需求，提升于科学技术的进步，跨越于生产力发展和生活水平的提高，呼应于时代的发展大势和客观条件。

《易经》就是一种古老的技术性理论，其中的象天法地、沭位选址、坐北朝南、巽位排水等大量关于"方""位""相""脉"的表述，是古代先民对宜居规律的朴素规划理论的总结提炼。

绘制《禹贡地域图》的晋代裴秀，曾提出制地理图六法：分率，即比例，用其折算地图与实际地理间的比例关系；准望，即方位，确定地物的位置、方向；道里，用以确定地物间的距离；高下，即地势高低、相对高程；方邪，即地面坡度的起伏；迂直，即实地的曲直状态与图上距离的换算。详细、准确的地形图已成为现代城市规划不可或缺的基础技术条件。

大量考古实例证明，无论中外，城市产生的初始目的就是防卫，需要因地制宜地选址和采取有效的防御措施。春秋战国时期的频繁战争和城市化进程使城市的防卫技术得到普遍重视，史料中很多记载耳熟能详。《管子·度地篇》有"高勿近阜而水用足，低勿近水而沟防省""因天材就地利，故城郭不必中规矩，道路不必中准绳"；伍子胥"相土尝水，象天法地"进行姑苏的城市规划；《墨子》中也有大量关于城市防卫技术的专论。宋代后期火药被大量用于攻城，随后山西煤矿的普遍开采应用于大规模制砖，发展到明代初年即普遍要求城墙甃砖；明清沿海地区的城市为防倭患则专门设计了针对倭寇进犯的城墙防卫系统。欧洲如罗马时代，维特鲁威的《建筑十书》中有城市防卫技术专论；16世纪末的意大利新帕尔马城运用欧洲时新防御思想和技术，平面呈九角放射18个单元。冷兵器时代结束后，以城防、消防和防洪为主的传统防卫技术逐步被多种防灾减灾技术取代。

工业革命下的快速城市化伴生了大量的城市问题，其中卫生、供水等日益尖锐的矛盾则催生了新型市政设施系统技术，成为现代城市规划的起点。也可以说，城市规划是被工业化、城市化带来的环境卫生问题逼推，通过市政基础设施规划的渠道进入现代的。

基于建筑材料技术的理论中，典型的如勒·柯布西耶（Le Corbusier）的"光明城市"，倡导以高层大跨建筑和立体道路交通解决当时的过高建筑密度对地面环境的影响和由小汽车普及而产生的道路交通拥堵等一系列城市问题，成为传统和现代城市空间形象风貌的重要分水岭。而这样的城市规划理念正是以轻质高强的建造材料为前提的。

交通技术与城市的发展如影随形，各个时代、不同需求下产生和运用的理念、理论层出不穷。《周礼》的经涂、环涂、野涂,春秋时代的邗沟,秦代的驰道,隋唐大运河,"通罗马"的条条大路,直到20世纪80年代的"要想富先修路"还成了普遍认可的发展理念。城镇体系、城市布局结构等无不依托于相应的交通体系,已经对城市规划产生显著影响,而且特别广泛、特别重要的如交通轴、公交优先、需求管理、停车调控、轨道交通等方面的理论,绿色交通、低空飞行、无人驾驶、智能化等新型交通方式将对城市传统的布局结构、空间风貌和运行管理等产生重要的直接影响。

通信技术影响方面,古代沿交通线广设邮亭,促进了城市的集聚和交往,秦代还以"邮"作为地名,传承至今的如"秦邮"(今江苏省高邮市)。另外,有线、无线通信的城市杆线、管线和微波通道等技术规则都对城市规划产生了环境性影响,如磁环境的保护与避让、建筑物遮挡等方面的要求。

其他如环境保护技术、生态能源技术、计算机技术、信息技术、智能技术等,都催生于生活生产的发展需求,保护、完善、改变着城市,当前的互联、物联技术则更是直接改变着人们的生产生活方式和城市的相关布局、运行管理等规则。

3. 社会经济性理论

作为生活、生产活动载体的城市,注定了与社会、经济密不可分;由于社会和经济的血肉相连,社会性和经济性往往在一个理论中同时存在。随着社会的发展、文明的进步,社会、经济理论在城市规划中的作用和比重也逐步加强、增大,但其受重视程度、在城市规划中的地位则因各种主观认识而多有不同。

社会经济理论自古以来就与城市规划密切相关。春秋战国时代,《商君书》对区域经济、城乡关系、交通布局、城市管理等多有论述;《管子》中针对当时的工商手工业发展特点提出按产业门类进行空间分区的布局规则,以利城区的分类集中管理、业者的技艺交流传承;

明代朱元璋也按《管子》的分区理论规划南京城的市民居住区[①]，按手工业分门类集中生产、建宅聚居，至今还留下了铁管巷、铜匠坊、弓箭坊、銮鞍坊等许多产业类地名。

按照现有研究成果，以民生为主要出发点的社会经济性城市规划理论出现于 16 世纪以后。例如托马斯·莫尔（Thomas More）16 世纪提出社会主义乌托邦的空想，康帕内拉（Tommaso Campanelta）17 世纪初提出太阳城方案，罗伯特·欧文（Robert Owen）19 世纪提出并实验施行新协和村规划。

进入 20 世纪以来，随着人类文明的进步和民生、民主意识的不断提高，社会经济性理论的影响作用在城市规划实践中进一步显现，如霍华德（Ebenezer Howard）的田园城市，综合考虑土地的资源、资产作用，城市的生产、经济发展需要，公共服务和社会结构，提出城市布局规划原则；其欧美追随者的卫星镇，以及英国的三代独立新城建设；美国的佩里（Clarence Perry）1929 年从城市道路交通、小学服务规模和公共设施配套角度提出"邻里单位"；我国也结合城市路网、设施配套和住区管理等需要，明确了居住区、小区、居住组团等分级的居住区规划设计规范。这些理论和实践都与当时、当地的生产发展阶段、居民生活水平、资源环境条件和社会运行方式紧密相关。

除了土地、生产、居住、服务、环境等出发点，也有以空间为出发点的社会经济性理论，20 世纪前、中期现代建筑运动的规划理论一度成为主导，且至今仍然广泛发挥着重要作用；其理论要点可以简单归纳为两种城市发展方式和三个代表人物。

集聚发展方式。法国建筑师勒·柯布西耶 1930 年提出"光明城市"的设想，强调运用工业化成果打破传统，以立体交通应对小汽车的快速增长，发展高层建筑以获得充分的户外场地、绿地。

有机疏散方式。美国建筑师赖特（Frank Lloyd Wright）1932 年提

---

① 见《明太祖实录》。

出"广亩城市"，利用电话、汽车等新技术，分散布点，有机组织居民点，保持个性，崇尚个人主义。芬兰建筑师伊利尔·沙里宁（Eliel Saarinen）1934年在《城市——它的成长、衰败与未来》中提出"有机疏散"理念。

应当注意到，提出"光明城市"高层建筑、立体交通的柯布西耶所在的法国，2020年（未能找到当时资料）的人口密度是123人/平方公里；提出"有机疏散"的沙里宁所在的芬兰人口密度是16人/平方公里，而提出"广亩城市"的赖特所在的美国2000年人均耕地面积为10亩左右。笔者无意以此臆测这些作出过历史贡献的著名专家的国际眼界，但祖国的国情应当是专家们的主要创新土壤和素材。自然科学理论不分国界，而城市规划不能须臾离开的国情有国界，相比于人均耕地10亩的美国，我国人均耕地仅不到1.3亩，只能立足于我国国情进行城市规划理论的实践和创新。

同样，因为国家体制的国情，欧美的社会学传统试图以城市规划解决社会矛盾。1961年，美国的新闻工作者简·雅各布斯（Jane Jacobs）的著作《美国大城市的死与生》问世，尽管各种议论纷纭，但其确实显著影响了美国的城市规划。罗尔斯（Rawls）1971年的《公正理论》、大卫·哈维（David Harvey）1973年的《社会公正与城市》等，也都从社会、经济、政治制度本质的剖析与批判的角度，对城市规划提出多种设想。

社会经济性理论以民生和社会公平、生产发展问题为规划主要目的，并重点关注住房、居住、环境、土地经济等问题，以社会经济学观点取代传统城市美学观点，强调说明城市是人的活动场所，而不只是抽象的物质空间。城市规划是城市科学而不是单纯的城市艺术，是不断演进的过程而不是一个终极目标。

但城市规划的本质是为实现有关目标而提供相应的空间资源，是进行城市空间资源配置和组织的技术手段，只能提供空间技术措施支持而无法直接解决社会公平和经济发展问题，不是"人有多大胆，地有多大产"，社会经济性理论在城市规划的合理调控范围内才能成为行之有效的城市规划理论。

近年来西方的马克思主义理论研究中出现了马克思主义的空间理论研究，把社会经济理论与空间直接地结合起来，有可能在此基础上发展成为一种新型的城市空间规划理论。西方马克思主义空间理论主要聚焦三个批判主题："一是空间的元哲学批判，即集中对以往社会理论的时间优先性倾向和绝对外在的传统空间观念进行批判，以揭示空间的社会、政治和意识形态内涵……二是空间的政治经济学批判，即重点对空间的资本逻辑、矛盾关系和剥削体系进行批判……三是空间的文化批判，即主要基于对现代和后现代的多元空间形态尤其是超空间的批判，建构认知绘图美学，进而发展空间的解放政治学……有助于我们深入反思当代世界经济中资本逻辑的空间化策略、后果及其处置之道"①。在我国的社会主义制度和社会主义市场经济体制条件下，马克思主义空间理论具有不可多得的探索实践机会和理论创新土壤，"以人民为中心"应当作为我国城市规划理论与实践创新的基本原则。

分析社会经济性城市规划理论的产生缘由和发展轨迹，可以看出，随着经济社会发展和文明的进步，解决普遍性民生需求、促进可持续发展的相关问题已经是城市规划的主体任务，以民为本的、发展中国家的社会经济性理论应是新时代城市规划理论创新的主要领域。社会经济是国家的社会经济、城市的社会经济，诸如土地资源、人文资源、发展阶段、体制制度等方面的国情、市情，是社会经济性城市规划理论创新的土壤。

4. 空间性理论

一切实体城市都是建造出来的，目前还看不清楚"云空间"和城

---

① 朱亚坤.西方马克思主义空间理论的三大批判主题探微 [J], 世界哲学, 2022（4）：5.

市空间规划是什么关系、有哪些影响。任何文化性、技术性、社会经济性的规划理论，最终都需要通过空间性规划理论落实形成，否则只是"空想"；朱元璋、朱棣们的城市规划决策，也必须通过蒯祥、陆祥等营造大师才能成为现实具体的城市空间。从古至今，建筑学领域、建筑师一直都处于城市规划建设的枢纽位置，使空间性理论发挥了不可代替的重要作用。从理论立足点、侧重点的角度区别，可以把空间性理论大致分为以下三个类型。

图空间理论。顾名思义，其立足于构图，作用侧重观感，是直接的空间理论，也是所有城市规划空间理论的基础。体量、尺度、肌理、色彩、质感等可视要素是其主要研究对象和素材；通过图（画）塑造空间的意境、意味，以适应和支持人的行为、心理需求；几何学的规则性、山水画的自然性是其基本美学依据，典型的如西方的教堂广场、东方以《园冶》为代表的造园艺术。20世纪50年代，法国建筑师勒·柯布西耶规划巴西首都巴西利亚城市总平面模拟飞机形象，印度昌迪加尔城市总平面模仿人体，则是图空间理论运用于整个城市布局的极端案例。追求形象美的图空间理论长盛不衰，因为爱美是人类的天性。

图空间理论是比较纯粹的感性空间理论，城市空间构成要素丰富复杂，视觉感性作用的发挥需要适当的视点、视距和视野，因此有其适用的范围、适宜的层次、适合的场所。总体上宜在一个视点的可视空间范围的尺度中运用，考虑动态观赏，也应以适当的行动时长和连贯的比较记忆为基本空间尺度，例如苏州古典园林、承德避暑山庄。一个整体完美的构图，如果无法观视，或者需要运行较长空间距离才能感受完，这样的完美空间只能在"鸟瞰"图面上欣赏，而不能实质性达到规划设计的空间效果。巴西利亚的"飞机"和昌迪加尔的"人体"在实践中出现的诸多弊病，都可以说明图空间理论的运用尺度必须恰当的重要性。

寓意空间理论。"寓意"非指图空间的客观意境、意味，而是具有人为明确指向的主观意蕴，"意蕴"中包含了空间要素。因此寓意空间理论是间接的空间理论，也可以说是文化性理论的实体表现渠道和形式，或称之为"文化空间理论"。寓意空间理论在科学技术不发达的古代特别风行，以阴阳五行学说构建城市空间，方位的东、西、南、北、中，色彩的青、赤、黄、白、黑，数字的阳数、阴数、九五数、三七数，风貌的造型、尺度、纹饰等，都通过形象寓意相关的社会组织关系、等级秩序和祈福避灾求吉祥的美好愿望。

寓意空间理论的文化感染力强，视觉思维的表层特点明显，也是古代城市规划中的一种主要理论。运用寓意空间理论需要把握两个关键。一是寓意明确，因为文化的模糊性特点，空间寓意的准确和简明扼要是需要关注的；主观的意蕴和客观的意境效果应相互统一，通常无需额外解释就能得到广泛认可。二是寓意适用，因为文化的时代性、地域性、民族性等特点，寓意与空间自身的特性应当协调，在恰当的场合运用恰当的文化，能够画龙点睛、锦上添花。对所谓"恰当"的把握，即在寓意空间理论的运用中，不宜"不知有汉、无论魏晋"①，不宜张冠李戴、小头大帽，不宜喧宾夺主、本末倒置。

功能空间理论。类似于寓意空间理论按照一定的寓意形成空间，功能空间也是由其他考量目标形成，区别在于这两种空间的考量目标特性不同：寓意空间是主观性、文化性的，而功能空间是客观性、技术性的。功能空间理论也是间接的空间理论，是技术经济性理论的实体表现渠道和形式。功能空间理论的主要依据有两个方面：一是各类工程技术，特别是城市交通技术对城市空间的刚性影响；二是社会经济要素对城市空间的弹性影响。因此，功能空间理论也可以称为"社会经济技术空间理论"。

相对于"寓意"的主动设立，"功能"具有鲜明的自然生长性和客观合理性，内在的逻辑路径更加清晰、确定。功能空间理论的相关

———————————

① 见陶渊明《桃花源记》。

性好、基础宽厚，科学性、逻辑性要求高，近代以来这方面的研究和进展已经成为城市规划理论的主流。

图空间的直观真实、寓意空间的画龙点睛、功能空间的科学合理，三类空间理论的特点、优势各有千秋，在现代的城市规划实践中，常常因地、因事、因物制宜，各居主辅，混合运用。

5. 郊区和郊区化

郊区泛指城外的周边地区，这个地区的第一产业主要为该城市服务。在交通、贸易不发达的情况下，城市的基本衣食等农副产品供应只能主要依靠周边地区。早在春秋战国时代，《墨子》中就有对城市与供应、储藏粮草的郊区面积之比的研究表述；直至20世纪80年代，城市总体规划中都必须在郊区范围按照规划城市人口规模刚性明确菜地面积；时至今日，郊区对城市的意义和作用更加重要、更加广泛。

郊区化则是城市的郊区化，也可以说是郊区的一种城市化形式，是城市化的阶段产物。它不同于城市周边出现的棚户区集聚，而是发端于城市中心区的衰退，原先住在中心区的富裕阶层迁往城市周边的郊区居住。这种行为依托于交通、通信技术发展和小汽车的大众化；能够提高居住环境质量，但也耗费大量土地、能源；能够带动郊区发展，但也加剧中心区的衰败，分散布点的空间形态特点也使公共服务质量和效率难以兼顾。因此，郊区化行为多在城市化成熟期后出现，且多发生在土地资源丰富的如北美等地区，其功过成败也各有评说。

目前我国部分先富起来的地区也已经出现了形式上的郊区化动态，主要动因有四个方面：一是原在老城区的单位扩展、迁出，二是物流、双休日产业等新型设施的发展，三是新市民、打工者的居住集聚，四是先富家庭的第二套或休闲度假住房需求。这样的情况不同于欧美由城市中心区衰退引发的郊区化，其在很大程度上可能是城市化的一个发展阶段和一种集聚方式，类似于古代城门外的"厢"。我国城镇化率刚超过 51%[①]，在保护土地资源、保护生态环境的刚性要求下，在城市群战略已经成为城镇化主导战略的背景下，如何应对中心城市周边，特别是城镇密集地区城市之间的乡郊地带郊区化，如何筹划发展和保护的空间关系，是城市规划必须非常关注的问题。

6. 两个宪章

分别发布于 1933 年的《雅典宪章》（Charter of Athens）、1977年的《马丘比丘宪章》（Charter of Machu Picchu）是关于城市规划的两个历史性、世界性指导文件，影响广泛，众所周知、论议时有。表 1-3对两个宪章的相关背景和主要内容、精神作一比较。

两个宪章的相关比较 表 1-3

	《雅典宪章》	《马丘比丘宪章》
时代背景	工业革命使人类驾驭自然的能力空前提高；1929~1933年的经济危机	第二次世界大战结束后，各国致力于重建家园、发展经济；人口和城市增长加快，生态、能源出现危机
任务	传统→现代	继承→未来
参与领域	现代建筑运动	建筑、规划、经济、社会、管理
执笔	建筑师勒·柯布西耶，基于国际现代建筑协会第四次会议成果完善	国际现代建筑协会会议与会专家
作用特点	现代城市规划理论第一阶段与第二阶段的分界线	现代城市规划理论第二阶段与第三阶段的分界线
主要关注要素	地理气候、资源（自然、人为）、政治、社会	继承《雅典宪章》；突显社会，土地单立，重视人文
价值导向	突破了将城市规划单纯看作建筑技术的观念，导入经济、社会、政治等因素	技术是手段而不是目的；强烈反对掠夺式开发自然资源，要求尊重自然，将人的精神和文化融入
	人的需要和以人为出发点的价值衡量是一切建设成功的关键	充实人的需求，包括社会、自然、人文的和谐

---

① 中国市长协会，国际欧亚科学院中国科学中心，《中国城市发展报告》编委会 . 中国城市发展报告（2021/2022）[M]. 北京：中国城市出版社，2022.

续表

	《雅典宪章》	《马丘比丘宪章》
价值导向	城市问题由私人利益引起,人民利益优先于个人利益才能解决	宽容和谅解的精神应作为为不同社会阶层选择居住区位置和设计的指针,而没有有损人类尊严的强加于人的差别(混合住区)
	强调社会精英的作用:"每个城市计划,必须以专家所做的准确的研究为依据"	强调公众参与:"城市规划必须建立在各专业设计人、城市居民以及公众和政治领导人之间的系统的不断的互相配合的基础上"
	物质空间决定论:通过物质空间变量的控制,就可以形成良好的环境,而这样的环境就能自动地解决城市中的社会、经济、政治问题,促进城市的发展和进步。以此为基础提出城市功能分区及其机械联系	经济技术可行性:认为物质空间只是影响城市的一项变量,且不能起决定的作用,起作用的是城市中各人类群体的文化、社会交往模式和政治结构。按照可能的经济条件和文化意义提供与人民要求相适应的城市服务设施和城市形态
	终极蓝图式规划:强调城市规划是制定城市发展的蓝图,认为城市规划的基本任务就是制定规划方案,内容是关于各功能分区的"平衡状态"和建立"最合适的关系"	动态过程式规划:区域与城市规划是个动态过程,不仅要包括规划的制定,而且也要包括规划的实施。这一过程应当能适应城市这个有机的物质和文化的不断变化
城市内涵	提出城市的居住、生产、休憩、交通四大功能	明确城市多功能
	功能分区、三区一网(生活区、生产区、休憩区、交通网)	城市功能区有机组织,公共交通主导城市交通
	居住是城市的首要问题	住房是促进社会发展的一种强有力的工具
	强调便利:邻里单位的城市细胞	重视交流:人的相互作用与交往是城市存在的基本根据
	保护能够代表一个时期的历史文化,不妨碍城市的健康发展、发展新转机	保护、恢复和重新使用现有历史遗址和古建筑必须同城市建设过程结合,保证这些文物具有经济意义,并继续具有生命力。考虑再生和更新历史地区,应把优秀的当代建筑物包括在内
	城市不能孤立于区域	规划的专业和技术必须应用于各级人类居住点

《雅典宪章》已明确提出,"一切城市计划所采取的方法与途径,基本上都必须要受那时代的政治、社会和经济的影响,而不是受了那些最后所要采用的现代建筑原理的影响"——从过于强调空间形象向

更加重视城市功能的转型。

《马丘比丘宪章》还指出，"区域与城市规划是个动态过程，不仅要包括规划的制定，而且也要包括规划的实施。这一过程应当能适应城市这个有机体的物质和文化的不断变化"——动态适应城市的不断发展，实施措施需要切实可行。

"为了要与自然环境、现有资源和形式特征相适应，每一特定城市与区域应当制定合适的标准和开发方针。这样做可以防止照搬照抄来自不同条件和不同文化的解决方案"——因地制宜、因文化制宜，避免千城一面。

"在我们的时代，近代建筑的主要问题已不再是纯体积的视觉表演，而是创造人们能生活的空间；要强调的已不再是外壳而是内容，不再是孤立的建筑，不管它有多美、多讲究，而是城市组织结构的连续性"——提出城市设计的方向。

7. 城市规划理论演变的启示

（1）城市是有机生命体，城市规划要守护生命的本质，找准有机的重点，谋划科学可行的战略与策略

城市生命体的本质作用是功能、是活力，功能和活力主要取决于社会、经济、设施、环境、文化等内涵要素。城市空间是多种要素内涵的理性关系组织，是适应视觉、行为、心理等特点的感性表现形式。因为城市的空间载体特质，人文、技术、社会、经济等理论在城市规划中都需要以空间的技术在空间中组织落实。也就是说，城市空间是由社会、经济、技术、人文等要素组成的，相对于这些空间要素本体，空间技术只是工具，城市规划不能舍本逐末、本末倒置。

螺丝与河蚌的形貌不同，是各自的生命特征、生活方式的演化结果，而不是因为各自找到了不同形式的建构空间。与功能内涵统一的空间形式就像生命体的皮肤，没有内涵的空间形式只不过是一件外衣，因季节变化甚至个人偏好的改变随时都可以更换。城市规划理论不应

局限于琢磨孤立的空间形态，而应坚持把有利于促进经济社会健康发展、适应科学技术的进步和人类文明的演进作为价值取向和基本准则。要在坚守城市功能本质的前提下，努力争取功能内涵与空间形式的和谐互彰，避免外强中干、二者分离。如果只论表象而不追根溯源，理论的根本作用就会被掩盖在空间形象之下，一味追求构图、造型、风貌、肌理而没有相宜内涵的城市空间是没有生命力的。

切实可行的对策是解决问题、实现目标的必要条件，否则再美妙的理想也只是空想、一幅画。因此，没有对策的理论充其量只是一种学说，理论成立的前提是必须具备或者能够具有切实可行的对策。所谓"切实"，首先是厘清实现目标的需要，更关键的是能够具备的条件，并必须通过实践效果的检验证明。

（2）多样性、动态性、时代性是城市的基本状态，城市规划自身的基本状态必须与城市相适应

城市生命体之间的条件各有差异，动态也有形变、质变、渐变、突变等。发展方向是"道"，总体相对明确、稳定；进程中何时、具体怎么做，自有千般"术"。城市规划基本原理是"道"，具体应用必须针对具体问题，因事、因地、因时、因制（度）、因人（实施能力、管理能力）而制宜，谋划对策，解决问题。

城市生命体具有鲜明的过程性，多有缓慢生长、加快发育、稳步成熟、渐次更新等不同阶段。不同阶段各有相应的主体需求、主要目标及其实现条件，否则就不成其为"阶段"。"理想城市"只存在于方向层面，在具体规划任务中找准面临的主要问题、主导目标等定位，是城市规划的重点、做好规划的前提。

"城市规划的历史不能与促使城市规划产生的城市问题的历史分离开来"[①]。理论、方法都有自身的出发点和针对的问题、预期的主要目标，由此产生各自的作用；同一种理论在不同的时间、地点和条

---

① 彼得·霍尔.明日之城：1880 年以来城市规划与设计的思想史 [M].童明，译.上海：同济大学出版社，2017.

件下，在城市规划中可能分别起到主导作用、混合作用或派生作用，也有可能产生副作用。没有四海通行、一成不变、一用就灵的永恒规划理论，城市化和城市的快速发展阶段，城市规划理论、方法的变化也相应更快，就像发育期的孩子需要勤换衣服才能合体一样。而城市发展转型期更需要创新城市规划理论的指导，历史上的"匠人营国""里坊制""商业街"，现当代的工业区、公交优先、开发区、中心商务区、城市更新等，无不是某种转变或发展方式整体转型催生的新生事物，这是由城市生命体的本质所决定的。

每个时代都有当时的需求和现实条件，城市规划的理论方法需要紧跟时代的步伐、适应时代的特点。前文所述的两个宪章提供了典范案例：对于优良的传统，适应当代者自然传承，不适应者调整完善，不适合者果断抛弃，如同"登岸弃舟"①；对于当代的需求，紧跟和利用社会经济技术的发展，对城市规划的领域和内涵及时充实、变革、创新。时代有需求，合理就好；理论无高下，适宜者优。"穷则变，变则通，通则久"②，未穷即变则可免痛矣。

（3）秩序、技术、发展是城市规划理论的三大类创新土壤，近现代以来尤其如此

城市规划关注的秩序可分为两大类：显性秩序，隐性秩序。一般情况下，显性秩序明确、清晰，隐性秩序含蓄、模糊。

显性的"秩序"即城市社会的组织秩序，重在社会稳定、公平。中国古代城市规划知识组成的重要基础就是传统的哲学人文理念，鲜明的特点是大格局讲究天人合一、道法自然，具体脉络以阴阳五行说、堪舆术的形式排秩序、明等级。方位的中左右前后、体量的高低宽窄、材料的质地尺度，乃至造型、纹饰、色彩，几乎所有的规划建设要素都与等级秩序挂钩，以促进社会的稳定和维护封建等级制度基础上的公平。无论城市布局结构还是建筑群组，理论来源相同，千年一以贯

---

① 见《金刚经》。
② 见《周易·系辞下》。

之，具体形式各异。

隐性的"秩序"首先是自然的规律。此外，人类社会自身的尚未认知、即时不可知的规律也构成客观存在的隐性秩序，或者说是客观的模糊性。它是行空的天马，人类只能亦步亦趋；它不讲什么"科学合理"，却也是科学合理、切实可行的衡量标准；它就是"天"，"天不变，道亦不变"，一旦天变道则必变，例如气候变暖已经给世界带来了诸多的新课题。因此，应当关注和尊重人们尚未认知的隐性秩序，妥善处理秩序与模糊的关系。

现代城市秩序的形式和内容早已不可同日而语，小如城市交通运输秩序、生产环境秩序、生活邻里秩序、城市美学秩序，大到人与自然和谐的秩序、社会管理秩序。城市规划理论也多是从创立和维护这些秩序中诞生，都需要妥善把握显性秩序和隐性秩序的关系，需要关注秩序的自然性、混沌性影响。

近现代城市规划理论以经济发展为基础，注重工业化带来的社会、环境矛盾。欧美国家多从社会经济角度创新城市规划理论、构建组织社会秩序，体现以个人价值为特色的社会公平。重视个人对理论的提法和新异，有时导致理论名称的区别比内容的区别更大。

技术性理论自古就是城市规划理论的重要甚至主要部分。近现代以来，随着自然科学技术的突飞猛进，交通、通信、环境、网络、智能等领域层出不穷的新技术，给城市规划带来不时的惊喜、不断的挑战和不尽的机遇。城市规划的理论创新应当充分利用机遇、克服挑战，并通过相应的空间成果和品质保障，以实践检验进行理论的科学性、可行性判别，使城市规划事业充满活力、永葆青春。

"发展"不等同于"增长"，发展是正向变化，本身即意味着创新。发展带来城市与社会需求的变化，实现条件和能力的提升，使原来的合理、适宜逐步变得不合理、不适应。"苟日新、日日新、又日新"[1]

---

[1]　见《礼记·大学》。

体现的中国传统人文精神，也是城市发展的客观规律，应该成为城市规划追求的理论创新精神。

（4）不同时代、不同社会各有自己的价值取向，顺应时代、符合国情、切合发展阶段的评价标准，是城市规划理论和实践发展的指南针、方向盘

城市规划技术的价值取向，总体上从封闭逐步开放，从形式切入功能，从重人文艺术转向重科学技术，反映了经济社会发展和科学技术的进步，不断更新着各个时代城市规划的评价标准。

城市规划服务对象的价值取向：古代"王城居中""非壮丽无以重威"的君王时代，城市空间和城市规划的主流服务于权威、权贵；现代的人民民主和社会公平已经成为普世价值取向，城市中的"均好性""保底线"等逐渐得到普遍重视，充分体现了人类文明的进步。

城市规划的发展价值取向：历经"天人合一""逢山开路、遇水架桥""喝令三山五岳开道，我来了"[①]，随着人类生产力发展和文明的进步，现今已是追求"人与自然"的和谐永续，生态已经成为与生活、生产三足鼎立、不可或缺的支撑。

城市规划是服务城市、服务人民的事业，满足城市和市民的合理需求就是城市规划的目标；城市规划是公共领域，不是行业的后院，相关领域的成就、力量都可以和应当成为城市规划事业的发展动力；城市规划的统筹兼顾，首先应是城市规划发展动力的统筹兼顾。

（5）历经四十余年改革开放的工业化、城镇化发展，中国的城乡、区域已然是全新的结构、素质和面貌，城市规划需要反思、总结；面临发展转型，城市规划急需探索、创新

从城市规划理论角度，包括继承、引进和消化吸收，需要更多的探索和实践。如东中西、南中北，城市带、城市群、都市圈，新区开

[①] 1958年的一首民歌的结尾句，笔者读小学时语文书载，至今留下深刻印象。

发、新城建设，旧城改造、城市更新，小城镇、美丽乡村；城乡统筹、城乡一体，交通支撑、交通引导，公交优先、停车调控，花园城市、海绵城市，区划调整、小区社区，风景路、生活圈，等等。十几亿人口的国家伟大而成功的实践必然是诞生理论的广阔沃土，应当进行总结提炼，形成中国特色的现代城市规划科学理论体系。

五、城市规划的认识角度

一个具体的城市规划事项，常涉及众多专业、更多主体，各有其责任角度、理解角度、诠释角度、利益角度，加之认识的出发点和能力的差异，构成了对城市规划的认识角度的多样性、复杂性、立体性。对于同一个城市规划，因为认识角度的差异而带来的评价标准也有可能大不相同。

城市规划的认识角度一般可以分为以下几类。

1. 专业认识

每个专业都有符合客观规律的、本专业适用的领域和层次的范围，都有自己的科学技术规则和专门的工具、手段，否则就无所谓"专业"。一个人可以知识广博、能力多样，但理发师如果下厨也只宜用菜刀；签字笔可以画速写、钢笔画，但不适合传统山水画。

科学是平等的，专业的科学性决定了不同专业认识的相互之间的平等性；不同专业的认识在特定情况下都有可能是解决问题的关键所在，处理不好就可能成为瓶颈，甚至是压垮骆驼的最后一根稻草。各种城市规划科学技术都只是工具、手段，优秀的城市空间产品才是城市规划的目的。

2. 利益认识

从广义的"利"说，"天下熙熙、皆为利趋，天下攘攘、皆为利往"①，趋利避害是一种天然的本性、本能，发展进化的一种原动力，古今中外概莫能外。舍生取义、杀身成仁是特殊情况下的大义大利，城市规划面对的是世俗的、主要以物质或环境体现、通常可以量化或品质考量的"利"。

城市规划的主要工作归结到底就是对城市空间资源进行配置，本质上就是对"利益"的一种配置。除了科学技术性方面外，城市规划中最需要普遍关注的就是公、私、条、块及其相互之间的、与空间资源配置有关的各种"利益"，最需要关注协调的就是由空间资源新的配置引起的利益调整。

这些利益基本都具有经济、社会、环境的属性，应该也是社会经济类城市规划理论日益得到更多关注的重要原因。

城市规划应当坚持公共利益——人民利益至上，弱势群体优先，集体、个人公平，各种利益协调，形成和谐城市。

3.偏好认识

"偏好"不是不好，也不一定是好，而是指与众不同的爱好或倾向、选择。这是城市规划中较为普遍存在的现象，一般情况下很难正确界定范围、妥善把握程度。

偏好属于一种主观认识，在自然科学技术领域中也有，但主要存在于人文艺术领域。城市规划中的例如协调、造型、体量、天际线等方面，常有某种程度的偏好存在，并因偏好的影响力而可能产生重要的、有时甚至是决定性的影响。

城市规划、城市空间都是多领域、多要素融合的产物，必然相应存在诸如经济、社会、交通、环境、造型、利益等多角度的评价。对相关角度的评价、选择也类似于对人的评价那样，健康成长、成熟最重要，然后有品行（环境）、能力（功能）、个性（特色）等。可以

---

① 见《六韬引谚》。

提倡努力健身塑型、更加帅气靓丽，但不应以貌取人、本末倒置；更不宜立模定貌、削足适履。

正确认识和对待偏好，要因地制宜、因时制宜地综合考虑答案的专业性、社会性、时代性、多样性。

4. 主、客观认识

相对于前面的三种认识都是对不同观点之间的比较，或对别人之间的比较，主、客观认识强调的是自己和自己的比较，直白些说就是如何对待别人与自己不同的看法。

"认识"都是主观的。同时也可以认为，自己的认识、只有自己的认识是主观认识，其他认识都是一种客观存在，别人的主观认识对自己而言就是一种客观存在。专业、利益、偏好的认识都是一种客观存在，当然，认识的客观存在不等于认识本身的客观性、正确性的存在，但多有需要面对的必要性或可能性。

主、客观认识的主体是"人"，认识的主、客观性是指"识"与"事"的关联性。中国有一句俗话——"对事不对人"，将其用于不同的认识也可以是"对识不对人"，即对认识本身的单纯比较。考虑到对城市规划的认识存在着专业角度、利益角度和偏好角度等差异，就出现了认识来源的客观特性。不同的认识往往有不同的来源，因此城市规划常常需要"对识也对人"，尊重认识的来源，理解认识的利益出发点，以努力争取形成最佳、最大的共识。

第二部分 漫步工作
——怎么做城市规划

城市规划的内涵如此丰富，从事城市规划的形式、内容和岗位也是"三百六十行"。在城市问题相对简单的古代，城市规划参与者明、策划者寡；现代城市已是人类活动的主要场所，城市化加剧，气候环境和发展、保护、和谐等无穷的需求使得城市问题愈加广泛、复杂、尖锐、贴近，城市规划也前所未有地得到社会的关注和重视，直接从事城市规划的工作就有研究、编制、实施、管理、法制和人才培养等多个门类，广泛分布在不同的行业。

一、对城市规划的领域和架构组织的认识

1. 城市规划领域的确定因素和构成要素

（1）城市规划领域的确定因素

古今中外的城市实践说明，城市规划的领域和内涵都是由当时当地（国家、地区）的社会需求决定的。可以把社会需求分为客观和主观两大类，客观类包括生活、生产的空间、设施和环境等需求；主观类是公共管理需要，其中主要是各种制度性公共要素，也有制度以外的影响性公共要素。

客观类需求是城市规划自身以外的社会需求，是主动性需求；主动的内容和时机取决于经济社会环境的发展状况、科学技术与文明的进步，特别是各种新要素、新情况、新要求，以及它们与城市空间的

相关性。

城市规划需要随时关注，及时满足各种积极的、合理的客观类需求，并调节其消极的、不适合的部分，才能保持城市规划的目的性、适应性和生命力。若刻舟求剑式地对待客观合理需求，削新生需求之足、适原有规则之履，不但会妨碍城市的健康发展，也是城市规划保持自身健康生命力的隐患；如果得不到及时矫正，甚至有可能成为影响城市规划持续健康发展的大敌。

主观类需求是在客观类需求及其发展、变化的基础上，城市规划为保持自身的目的恰当和作用的有效、可靠，而不断及时更新、完善的需求，是被动性需求，但也是主导性需求。

所谓"被动性"，体现的是城市规划以经济社会环境和城市发展健康有序为目标的服务本质。所谓"主导性"，体现的是城市规划统揽全局、引导正确方向的责任，和除了做好城市规划没有其他自身利益的职业精神特点。因此，主观类需求应当紧随客观类需求、合理调节客观类需求，引导客观类需求的走向健康。

制度以外的影响性公共要素，主要是指已经用于公共管理、但尚未形成制度的各种做法和具体措施。

需要注意的是，制度以外的影响性公共要素是城市规划合理演变发展的必要条件，是规划管理制度发生质变的前奏性量变。如果没有这种量变，城市规划的演变形态就将是台阶式——随着制度变化而突然改变，而且这样的改变一般可能会缺乏实践的基础，还需要经过实践才能判别其优劣对错。当然，制度以外的影响性公共要素在通过实践检验和社会认可后应当尽快成为制度，才能符合法治社会的要求。

结合城市发展演进的历程来看，城市规划的领域变化原因主要可以归纳为"五因"内涵特质的变化：

因地，如地形、地势、地质，地产、文化、区位等；

因制，市情、省情、国情，体制、制度等；

因时，时代需求、阶段关注、社会分工等；

因技，包括与城市空间、城市功能直接相关的各种技术创新和进步，也包括城市规划自身的科学技术进步；

因人，主要包括对城市规划有直接影响的社会管理制度和相关运行机制的决策，有时也包括具体管理事项决策的影响。

（2）城市规划领域的构成要素

分析城市规划领域的内在关系可以明确领域构成要素的范围和基本内容。

①城市功能方面

无论是《雅典宪章》提出的居住、工作、游憩、交通四大功能，还是《马丘比丘宪章》提出的多功能，都具有包括经济、社会、环境、科技、人文等构成要素的组合作用。

从城市功能自身特点角度，又有共同功能、特殊功能、主导功能、综合功能等区别。实现这些功能需要相应的要素，其中有城市的共同功能需要的要素，也有某些城市的特殊功能所需要素。这是因为所在城市有其具体的功能特点，相同的要素在不同的城市有可能发挥主导、综合、配合等不同的作用。

②城市空间方面

空间内涵有物质、非物质两大类，"安得广厦千万间，大庇天下寒士俱欢颜"显现了建、构筑物等物质空间领域的基础性重要作用。同时也不可见椟无珠，只把物质空间形象当作主要目的，《道德经》中的"当其无，有室之用"即明是理。城市规划通过物质空间渠道同时实现物质空间和非物质空间的综合目标，就城市空间的本质关系而言，物质空间是为非物质空间服务的载体目标，非物质空间是城市规划的根本目标，是故"有之以为利，无之以为用"[1]。

以实现城市功能的需求为基础，根据组织构建城市空间（包括地

---

① 见《道德经》。

下空间)、服务城市功能的需要,可以明确城市规划领域构成的基本范围。城市空间的构成要素、城市功能的实现过程中与城市空间直接相关的构成要素,都是城市规划领域的构成要素。

在城市规划中,空间要素主要通过以下内容进行表述:用地布局,土地利用强度、密度,空间形态,生活居住系统,生产系统,公共服务系统,生态环境系统,综合交通系统,基础设施系统,以及由上述内容派生的其他相关需求、要求。

通过对这些内容的统筹和有机组织,实现城市空间规划目标,保障城市健康运行、发展;通过对这些内容的科学合理规范,进行城市空间资源配置,以保障公共利益、保护弱势群体、促进社会公平和谐。

③规划技术方面

从城市规划技术角度,城市空间的要素构成方面包括几何、容量、功能、联系、环境、人文、质量、品相等。作为生命体,城市空间和人一样,在科学理性系统中,功能内涵才是本质,是最需要修炼的。

可以认为:城市规划构成要素≈客观类要素+主观类要素。其中,客观类包括城市功能的空间性影响要素、城市空间构成要素;主观类包括城市规划科学技术要素,制度意图、管理方式要素,影响性公共要素。客观类要素是需求,城市规划应当保持敏锐、适时应对、促进发展;主观类要素重引导,城市规划需要慎重研判、把准方向、及时完善。

2. 城市规划的架构组织因素

城市规划的架构组织古今中外多有不同,即使是在信息高度发达、交流借鉴广泛的现代条件下,也存在难尽其详的多种方式。从表面形式看,是城市规划的任务或管理决策的选择不同,然而这些主观类的不同都是来自于基本国情、时代需求、科学技术、社会制度等方面的客观类影响,以上这些方面是进行城市规划架构组织的四个主要影响因素。

（1）基本国情

基本国情包括国土规模、行政区划、社会所处发展阶段等。例如，新加坡这样的城市型国家，中小型国家，加拿大、澳大利亚等地广人稀的国家，日本等地窄人稠的国家，中国这样人口规模和国土面积的双重大国，城市的设置和层级都不一样，城市规划的架构组织当然就不可能相同。发展中国家和发达国家、城市化快速发展阶段和成熟稳定阶段，其城市化、现代化的内涵和目标、任务多有显著差异，对城市规划的需求也就各不相同。水土资源、地质状态等与城市的发展和安全紧密相关的特点，都有可能对城市规划的架构组织产生明显影响，大型灾害影响阶段的城市规划任务需求更是一种特殊状态。

具体城市的规划组织架构就需要结合当地的相关需求特点，典型的如历史文化名城的城市规划组织架构就应当考虑历史文化名城的保护需求，团块式、组团式与条带式、放射式城市的城市规划架构也可能需要不同的组织方式。

（2）时代需求

时代需求是组织城市规划架构必须考虑的影响因素。抛开战乱、灾害等特殊时期，城市的常态发展和人类文明的演进始终都处在动态变化之中，一旦到达或实现了阶段质变，就出现了时代的象征性内容，成为城市空间形态的时代特点或影响空间内涵的时代特点。

经济方面的需求如各种新型产业的发展需求及其对城市空间的影响、经济类型对城市空间形态需求的改变。社会方面的需求有家庭、团体、单位等社会结构的变化，例如古代几世同堂的大家庭、现代的核心家庭，小作坊和现代化大企业；特别是社会公共管理政策的变化，如历史上的破坊墙经商，现代的破墙开店、私人可否建房的规定等。环境方面自工业革命以来迄今新情况、新问题、新要求层出不穷，关于生活、生产的环卫、环保的新规则、新标准也紧相跟随。生活水平提高、生活习惯变化，都不断地直接改变着传统的城市公共空间、休憩空间、城市交通空间，家用电器的发展、家庭生活的习惯和空间的变化使住宅平面和造型不断更新换代，电梯、小汽车等现代交通工具更是给城市居住环境空间带来直接的影响，绿色发展、网络化、智能化也已经开始给城市规划带来了许多新要素和新天地的曙光。

这些包含了世界观、发展观、人生观等生产、生活方面的价值取向的变化，必然带来城市规划价值观的变化，从而引起城市规划的内涵要素及其相关关系的变化，城市规划架构组织的内涵也必须适应这些时代变化。

（3）科学技术

科学技术进步对城市规划架构组织的影响，从科技进步成果的载体与城市空间的关系的角度可以分为三个方面：主体进步、工具进步、服务对象进步。

科技进步成果作为主体时，对城市空间产生直接影响，主要体现在基础设施、设备方面。城市空间中新出现一种系统，相应地就需要一项专门的规划，例如电话、网络、中水利用、公共汽车、轨道交通、地下空间等。

科技进步成果作为工具时，对城市空间产生间接影响，例如城市地理信息系统技术、大数据技术等，对城市规划架构组织的类别细分和研究类规划的流行起到了明显的促进作用。

城市空间服务对象自身的科技进步成果，有可能对城市规划架构组织产生影响。例如，覆盖遮蔽式文明施工改变城市规划实施的监督检查方式，地下空间的发展改变城市空间的立体系统，物流系统的发展改变城市路网功能、交通运输结构乃至公共设施和居住区的布局方式。

科学技术进步成果在城市空间中产生多种不同作用，相应地就需要城市规划架构组织从结构或组成内容等方面作出应对。

（4）社会制度

社会制度对城市规划的架构组织有根本性影响，产生直接影响的主要包括所有制、所有权制度、《中华人民共和国地方各级人民代表大会和地方各级人民政府组织法》（以下简称《组织法》）等。

例如，土地所有制中的全民、集体等不同所有方式，直接影响城市规划依法行政的管辖权限和管理准则、管理方法；《中华人民共和国民法通则》规定的占有权、使用权、收益权、处分权四种权能，直接影响城市规划的有关合法性，特别是微观类详细规划制定的具体内容，以及规划实施中的具体行为的合法性；另外还有《组织法》第四章中规定的政府职责内容和范围，管理架构中的不同层级之间的关系，以及政府各组成部分的职责组织等。

城市规划是政府职责、公共事务，社会制度决定了政府的职责内容，也就决定了城市规划的基本架构。

3. 城市规划的架构组织方法

城市规划的架构组织一般结合科学技术和行政管理两个主要方面，技术合理可行、便于操作管理是同时需要的效果。通常多用的城市规划架构组织方法，可以用职权分级、任务分类、技术分层进行表述。

（1）职权分级

城市规划的职权分级方法比较简明。一级政府一级事权，对应就有一级城市规划。因为城市是一个整体，一个城市就需要统一规划而不能各行其是。虽然区、街道办事处的行政级别相当于市、县、镇，但《组织法》规定，它们只是城市政府的派出机构，而不是独立法人，不能独立行使行政执法权和独立承担法律责任，只能按照城市政府的规定或依法委托，承担城市规划的部分工作。因此，城市规划的职权分级依据政府的法定权限。

（2）任务分类

城市规划的任务分类主要根据社会经济发展的需要、规划任务的特性和分类组织的意图。因为客观国情、社会体制等方面的差异，城市规划任务分类在一些国家之间也不尽相同甚至差别较大，但适应城市运行和管理的分类原则目的是相同的。

2007年颁布的《中华人民共和国城乡规划法》中，把城乡规划分为：城镇体系规划、城市规划、镇规划、乡规划、村庄规划。其中，城市规划、镇规划分为总体规划和详细规划；总体规划中包括各类专项规划，详细规划分为控制性详细规划、修建性详细规划。

这样的划分是1989年制定、1990年开始施行的《中华人民共和国城市规划法》确立的基本架构的演变。其中关于规划分类的变化，一是把村庄规划纳入，法律名称相应改变；二是重视区域，把《城市规划法》规定的市县城市总体规划中的"城镇体系规划"部分拓展为对市县全域的统筹，并明确了禁止、限制和适宜建设三个地域范围层次。

这样的改变来源于两点区别：一是发展阶段的区别，《城市规划法》立法时期的20世纪80年代，我国正处于国民经济恢复期、城市化加快发展期、依法治国方略确立期；《城乡规划法》立法时的21世纪初，我国工业化、城镇化快速推进，经济社会全面发展，法制建设逐步完善。二是发展观的进步，从"重城轻乡"到"统筹城乡发展""统筹区域发展"，从侧重经济发展到"统筹经济社会发展""统筹人与自然和谐发展"，追求城乡规划建设统筹的全面、协调、可持续发展。

我国城市当前总体上处于从外延拓展向内涵提升为主的发展转型阶段，资源、环境问题更加突出，经济转型、产业升级，随着发展观和法治工作的持续完善，空间类规划得到前所未有的重视而新编频繁、新名频出，城市规划分类因而更需要加强统筹梳理、调整完善。

最新确立的国土空间规划"五级三类"体系中，"三类"分别是总体规划、详细规划、专项规划。其中，总体规划着重统筹城镇体系规划、城市总体规划、土地利用总体规划等宏观类规划的关系；详细规划仍然以城市控制性详细规划为主；专项规划囊括了城市空间中系统性的各项专业规划和有特定局部任务的专项规划。

（3）技术分层

城市规划的技术分层，主要是从技术属性的特点考虑，例如规划要素、因素的计（考）量单位层次，规划任务出发点的责任、利益层次，规划空间尺度的可及、可见、可析层次，以便于围绕该层次规划的技术性重点进行研究和开展相关工作，属于城市规划的操作性技术区分。

区分的关注点主要包括：城市空间的规模和规划任务的性质，空间要素的关联度，专业门类、空间尺度等特点。一般可以分为两种：分级（不包括直辖市）之间的分层、同级内涵的分层。

行政区划不同级的空间的尺度一般相差很大，功能的类型、任务的特点也多有不同。国土空间规划体系要求：全国规划侧重于战略性，省级规划侧重于协调性，市县规划侧重于实施性，即应属于各分级之间的一种技术目标导向分层。

同级的规划包括总体规划、详细规划、专项规划。它们之间内涵的技术分层又可按照规划技术成果的表面形式特征分为两种：技术门类分层和图纸比例分层。

技术门类分层主要用于各项基础设施专业系统规划，与同级用地布局规划的空间范围、图纸比例相同，但规划任务的专业领域不同，需要分别以所依托的主要技术门类分层解决。技术门类分层需要重点关注各专业的系统和城市总体网络的关系。

总体规划、控制性详细规划和修建性详细规划各自分别从城市功能、布局结构、中心体系和交通、空间等结构，空间形态、人的行为等不同的主要角度，以结构性的控制与操作性的实施等不同的技术深度，解决不同性质特点的空间问题。例如，在规划单元上，控制性详细规划一般远大于修建性详细规划。即使是规划同一个地块，因为规划深度的不同，不同规划就各自需要相宜比例的图纸，因此可简明、直观地称之为图纸比例分层。当然，因为规划任务的性质、目标不同，规划用地面积单元的划分标准是不一样的。图纸比例分层需要重点关注局部规划与城市总体的全局关系。

4. 城市规划架构的基本特点

"架构"体现事物内各部分之间的主要关联和作用，分析城市规划架构的特点，有助于城市规划的科学组织，合理发挥架构的各个组成部分的积极作用，良好实现架构的整体效果。从城市规划的运行操作角度，空间尺度、系统网络是城市规划架构组织应关注的两个基本特点。

（1）空间尺度

空间尺度是城市规划架构组织的基础特点。城市空间是城市规划的核心内容，对应于不同层级尺度的空间规模，城市规划的目标、任务、方略、技术等具体的核心内涵各有侧重。空间尺度不但决定了架构的大小，更重要的是其决定了架构任务的重点。

从国家级的千万平方公里到以公顷乃至平方米计的地块，在可以忽略人口密度、经济密度的情况下，宏观、微观的空间问题也差别巨大，例如宏观规划中的战略性问题、人口资源环境类问题，微观规划中的策略性问题、行为心理空间问题，不同空间尺度层级规划的主导视角、主要任务、主体工具等存在诸多的显著区别。就如在科学发达、分工细致的现代，宰牛、解牛、卖肉、生加工、烹饪已经分解为多种产业门类和专业岗位，"庖丁"已不能一手包揽。

（2）系统网络

系统网络是城市规划架构组织的关键特点。系统上下依次传导贯通、网络前后左右协调均衡是架构组织的生命，各行其是成不了系统，局部的问题有可能影响到整个系统的功能和效率。

系统网络内有建筑、市政设施等物质系统，同时包括了功能、关联等非物质系统，物质系统和相应的非物质系统是不可分割的。不同级、类、层的规划，都有各自的职责任务和不同特性的主要规划目标，都有对空间资源的具体要求，都有各自相宜的牵头专业、协作专业和相关辅助专业。

系统网络内还包括了城市规划的编制、管理、决策、实施等多个子系统，子系统之间可能有多种组合方式。例如，编制系统中有政府（例如新加坡市区重建局规划署直接编制规划）、市场，在我国还有事业单位；实施系统中有政府（工务局）、市场、社会等。

专业技术和社会需求、行政管理之间需要紧密结合，有时甚至是融合，城市要素的系统网络特征决定了城市规划架构的组织特点，"一枝动、百枝摇"的内涵特性决定了城市规划工作的基本方法是统筹协调。

5. 乡村与城市的规划区别

经济社会欠发达的时代存在显著的城乡差别，城市的集聚成长阶段乡村未得到足够的关注。而今，从城乡统筹、城乡一体化已经发展到城市反哺乡村阶段，没有"美丽乡村"就没有"美丽中国"。

乡村和城市都是人类的居住点，都要求宜居、宜业、宜赏。从专业技术的基础角度，乡村规划也是居民点的空间规划，应是城市规划的一个有机组成部分。《马丘比丘宪章》就明确提出"规划的专业和技术必须应用于各级人类居住点"。

但是，城乡之间客观存在着一些本质区别，否则就只有居民点的规模大小而无所谓城与乡之分。对乡村不同于城市的相关特质，本就发源于城市，传统习惯于关注城市、服务城市的城市规划必须对其予以特别的关注，或者说是"补课"，并形成科学合理、切实有效的乡村规划基本方法。类似于医学中的妇科、男科或儿童、老年等分科，因为不同主体的特质区别和健康标准差异，就不能够药物随意混用；适用于市民的设施、服务、方法也不可生搬硬套用于村民，不能像规划城市那样去规划乡村。

结合表 2-1 的对比可以看出，乡村规划和城市规划的区别，是具体规划内容的区别，不是规划目的本质的区别；是具体规划技术的方法区别，不是城市规划科学的范畴区别；是具体评价标准的区别，不是评价内容性质的区别。

村庄与城镇的相关特质比较　　　　　　表 2-1

	传统性村庄	城镇
用地性质	集体所有	全民所有
产业门类	一、二、三次产业，六次产业	二、三产业
空间脉络	融入自然为主	集聚为主，依托、引入、融合自然
社会组织	宗族、家族为主	行业、阶层为主
居住方式	主要适应农业生产、乡村生活	适应城市生活方式
建设方式	私人为主、集体为辅，随机性	统一规划，集中建设
生活节奏	较慢，内部慢行交通、步行为主	较快，多种交通方式混合
人际交往	重邻里关系，重乡情	重业缘
文化生活	单纯，传统，地域特色明显	多元化，易受外在文化影响
定居观念	乡土观念强，安土重迁	乡土观念弱，迁居与迁移时有发生
风俗习惯	传统化，惰性大，约束力强	变化快，约束力差

二、城市规划的编制与案例简介

此处"城市规划"的定义专指城市规划制定的技术成果，一般包括文本、图纸、相关研究报告和其他附件。关于城市规划编制，有经济、社会、环境、工程、人文等众多领域，针对更多方面的理论和技术，国家有规范，地方有细则，业者有方法。从专业角度全面、系统地分析和阐述城市规划编制，非笔者能力所及，也不是本书"漫步"的意图。现以笔者的编制实践和回顾反思的体会，结合日常学习、工作交流所得启迪，仅从思想方法、工作方法角度对个人认识作一梳理。

1. 城市规划编制的基本操作要点

城市规划编制的类型众多、层次丰富，具体进行编制中，通常需要把握好以下几个基本要点。

（1）整体逻辑

城市规划的文本内容一般包括：规划目的、指导思想、基本原则、规划目标、实施路径、实施策略等，形成一个完整的逻辑链条。

"规划目的"即为什么要编制这个规划，这是整个规划的根本、方向和龙头。规划成果本身是否能够成立，首先就要看"规划目的"有没有达到。规划目的要虚实适度，太虚了不便后面定向跟进，知道"北方"是哪里，"北斗"才能定向；太实了易限制规划视野，且易与规划目标重叠，有"北斗七星"即可定向，不宜细到是天枢、天璇、天玑、天权、玉衡、开阳、摇光等具体哪颗星，更不能细化到二十八宿，否则就到了规划目标的具体层次了。

"指导思想"是保障目的正确和正确实现目的的重要基本理念，与"规划目的"相辅相成。指导思想侧重于把握主体方向，一般多关注政治性、发展性方面的导向，但应注意把高层次、宏观性的导向与具体的规划有机地紧密结合起来。国家发展、社会进步的原则性大方向只能有一个，具体城市规划的指导思想在原则性大方向下还应有表述本规划具体指导思想的内容，以利于联系实际、突出重点、抓住关键、形成特色，促进宏观性指导思想在具体城市规划中贯彻始终、落地生根。

"基本原则"侧重于防止城市规划的具体编制走偏，一般适宜采用科学技术性、规则性方面的内容，或限定某些边界条件，以使城市规划的编制保持正确的技术走向。确定具体规划的基本原则，既要符合通用的科学性、规定性要求，更要关注规划空间范围具体特点的需求，形成既不违反通用，又切合当地实际的基本原则要求。

有别于信息、供水等工程专项规划的传递物不产生变化的保真、保洁要求，城市规划的"指导思想"和"基本原则"的在地性应是空间规划体系传导性功能和要求的有机组成部分。"在地性"的作用，就是把城市规划的宏观性指导思想和通用性基本原则的精神，在有机结合当地实际的条件下，真正地传导到具体城市规划编制层面，直至通过规划实施开花结果。

"规划目标"是"规划目的"的具体化、阶段化，应符合和呼应"指导思想"。没有相应的规划目标，指导思想就难以得到落实，规划目的就可能落空。确定"规划目标"应考虑实现目标所需要的重要支撑性、保障性条件不能违背"基本原则"，否则二者就会自相矛盾。即使目标没错，原则也是正确的，但因其所需相关条件而陷入二律背反式的困局，结果不是规划目标难以实现，就是要违反规划确定的基本原则。

"实施路径"是通往规划目标的道路，不可或缺，不可不实、不通。实施路径不仅在于那几行文字，更重在那些文字在规划相关内容中如何体现的状态，以及那些内容的实施可行性，也就是要看规划的"行动是否上路子、在路上"。没有切实可行的实施路径的城市规划只是理想，只能"纸上画画、墙上挂挂"。

如果把目的、目标看作两个点，实施路径就是连通这两点的一条线，两点一线形成整个规划的逻辑主干，其他部分的逻辑都应连通于、服从于这个主干逻辑。或者说，通过这两点一线回答城市规划的为什么？做什么？怎么做？

（2）规划导向

城市规划常用的导向有问题导向、目标导向，此外还有优势导向、潜力导向等。其中，问题导向和目标导向是通常必有的两个导向，因为任何规划都是为解决某些问题才编制的，都是要有预期目标的；优势导向和潜力导向的运用，多取决于具体规划对象的实际情况，以及规划任务的目的等要求。

所有规划导向的选择本质上都是价值导向的选择，都受规划编制的视野、视角、视距的直接影响。其中，视野是规划的关注领域，例如技术、经济、社会、环境、人文等；视角指规划的立足点、出发点、优先项，如发展、公平、保底，居民、市民、村民、游客，经济、社会、环境的某个侧重领域等；视距指空间范围——规划编制中的考量范围，有周边竞合关系、市场网络关系、区域影响关系等，在现代信息化条件下，不少城市规划的视距应是全球性的。视距也包括时间——规划的近、中、远期和远景。

导向不是空泛的概念，不能仅仅体现在"技术路线"的图表中。问题能否解决，目标能否实现，优势怎么利用，潜力如何挖掘，都需要在规划编制中体现、利用和落实，没有落实的导向只不过是一句口号而已。不以相宜的路径、可行的措施来利用和落实导向，或无法落实的导向，都有可能自曝其短，不如不提。

导向是主导、主流、优先，其有目标效果，也有相关效果，还可能有衍生效果；需要系统分析，不宜就事论事；需要相应的辅助，全局统筹协调。

（3）基本原则

以人为本，因地制宜，是城市规划编制中必须遵循，也是普遍适用的两个基本原则，此外还有因时制宜、因人制宜等，都应视具体规划的实际情况，灵活运用、用实用好。

以人为本，总体体现了现代人文精神。在此基础上，在具体规划的编制中，以生活、生产还是环境的需求为本，以低端、中端、高端还是一般、特色的需求为本，村庄规划中以村民还是游客的需求为本等，这些都是人的需求，需要弄清楚以"谁"为本和以什么需求为本。因此，在具体城市规划编制中，对"以人为本"基本原则的落实，重在对规划价值观的方向性、规划范围中起到实际作用的关键性和规划实施可行性等方面的选择。

因地制宜，按照"地"的本义内涵，其宏观区域性重在关注发展区位，中观城市性依托、顺应地质、地脉，微观地块性结合利用地形地貌；其广义内涵也包括相关地域范围内的各种规划特质。本义的"地"主要强调客观条件，一般应采用传统的、顺应自然的方法而"制宜"，但需要注意针对性研究、合理利用现状，特别是发展区位现状的有条件可变性；广义的"地"主要关注研究当地在一定区域范围的比较、竞争等相对条件，可以更多地发挥主观能动作用而"制宜"。

因时制宜，"时"指规划的时段，或规划期限中的特点。当今社会经济技术等多个方面发展的速度快、变化频，全球化的动态、国际形势、突发事件等，尤其宏观政策的调整，都可能对城市规划产生直接影响。例如，对外开放政策使开发区、城市新区蓬勃兴起，我国加入世界贸易组织使中小城镇与全球的网络关系更加紧密，国家经历多次宏观调控，当前从外延拓展为主向内涵提升为主的发展方式转型，构建以国内大循环为主体、国内国际双循环相互促进的新发展格局等，都是城市规划的大"时"、天时，针对这些"时"的明确方向都必须顺应、因应。对于具体的规划任务，同样需要关注，可能更加需要关注的是具体规划的小"时"，分析准、把握好属于自身的时段特点，才能更好地因时制宜。

因人制宜，此处的"人"专指与具体规划编制任务相关的城市规划实施管理的技术力量。不同区域、规模、特点的城市，客观存在着城市规划管理组织架构的不同需要，如一级、分级管理，分条、分块管理，专设机构管理等；其技术力量也有差别，有些城镇的规划专业技术人员还异常欠缺。城市规划编制成果要通过实施成为现实，必经当地的实施管理。编制城市规划应当兼顾当地实施管理的技术特点，对规划成果中的规范性与弹性、原则性与具体性等方面的内容，按照因人制宜的原则，妥善把握好表述的方式和具体的程度，以方便当地实施管理操作。

在城市规划编制中，对以上四点基本原则的把握可理解为："以人为本"重在发挥对规划的主导性，"因地制宜"重在保障规划的适地性，"因时制宜"重在校准规划的方向性，"因人制宜"重在提高规划的可操作性。

2. 城市规划编制的案例思路简介

城市规划编制的优秀成果数不胜数，特色百花盛开，理解各有其靓，许多优秀成果对城市规划的发展进步起到了很大的促进和引领作用，笔者也幸得启迪多多。为了避免对规划项目组在进行编制时的意图产生误解，现仅以笔者亲历的规划编制项目为例，简介其核心思路以作交流。

（1）区域性规划

1）《江苏省城镇体系规划（1999—2020）》

①规划背景

当时的宏观形势方面，经过二十年改革开放，我国经济社会发展已形成了不可阻挡的前进大潮，社会主义市场经济体制基本框架初步建立，市场调节功能显著增强；国有企业改革进入攻坚阶段，乡镇集体经济向民营经济转型普遍开展；我国即将加入世界贸易组织，国际资本涌入和接轨国际市场大大加快了外向型经济发展；城镇化发展加速，新中国成立后一直沿用并在 1989 年颁布的《城市规划法》中法定的"严格控制大城市规模，合理发展中等城市和小城市"的城市发展方针，在城镇化进程的实践中已经面临突破。

江苏省情况方面，从 20 世纪 80 年代末开始，全省工业总产值中，乡镇企业已是"三分天下有其二"，小城镇成为江苏城镇化增长的主要板块。截至 1997 年年底，全省建制乡镇达 2005 个，其中建制镇 991 个，按省域面积（其中 16% 是水面）平均每 51 平方公里即有一个乡镇；城镇化率达 34.9%，按照国际经验已进入城镇化加速阶段。

20 世纪 90 年代后，国内市场的总体特点已从过去的"商品短缺经济"进入"低水平的供大于求"的阶段，产品、商品竞争加剧，淘汰加快；兴办各级、各类开发区、集中招商引资已成为江苏全省促进城市发展的主要新模式；面临外资企业、民营企业在科技水平、市场关系和体制灵活性等全方位的竞争，原有的乡镇企业模式优势已经不复存在。优质发展要素在市场主导下向发展区位优、基础设施好、服务质量高的城镇，特别是向大中城市汇聚；全省呈现出城市规模较普遍地快速增大的态势，预示全省工业化、城镇化的新阶段即将到来。

②规划核心意图

立足于规划背景和发展趋势判断，因时制宜，加强、深化改革开放，抓住国际资本流入机遇，融入经济全球化，加快城镇化进程；以集聚发展促进集约经营，提升中心城市竞争力，提高城镇化质量，积极参与经济全球化竞争；改变过去在乡镇经济蓬勃发展过程中形成的过度分散的空间发展方式，调整组织全省城镇体系布局结构，以各级中心城市为重点，呼应和支撑经济社会发展新需求，解决空间布局散乱和土地资源、基础设施、公共服务等的高耗低效问题。

③城市发展方针和改革措施

按照规划核心意图，立足江苏省情，因地制宜提出"大力推进特大城市和大城市建设，积极合理发展中等城市和小城市，择优培育重点中心镇，全面提高城镇发展质量"的城市发展方针，构建城市大中小协调的城镇体系，数量和质量并重推进全省城市化健康发展。

"大力推进特大城市和大城市建设"，就是要解放思想、审时度势，重视发展特大城市和大城市，在以中心城市实力论输赢的时代保持区域竞争力。利用市场机制和政策导向，加强特大城市和大城市建设，壮大综合实力，完善城市功能，使其成为能够带动更大区域发展的中心城市；打破行政区划限制，以经济协作、市场关系为基础，以交通为纽带，形成以特大城市为核心的都市圈；引导、促进有条件的中等城市发展成为大城市。

"积极合理发展中等城市和小城市"，其中"积极"是按照国家城市发展方针，强化中小城市在全省城镇体系结构中的纽带作用；"合理"是针对性地解决当时困扰江苏设区城市进一步发展的市、县同城问题。经过几十年的城市建设发展，江苏的设区城市建成区普遍被县包围，市、县两个空间主体同处一城，矛盾尖锐，道路错位，环路缺段，市政、通信等各搞一套，甚至有的县规划提出空间布局指导思想的第一条就是"控制某某（中心）市对外扩张"。规划编制中下决心解决全省的市、县同城问题，对包围各个中心城市发展空间的十几个县级城市全部撤县（市）设区；考虑到当时社会对行政区划调整的敏感特点，在规划文本中表述为这些县、市在城市空间方面要加强与中心城市"空间结构的统一和协调、市政公用和公共服务设施的通用和互利，成为中心城市的有机组成部分"。

"择优培育重点中心镇"，基于江苏的人口密度特点（1999 年为近 700 人 / 平方公里）和小城镇过多的现状，呼应外向型经济和大中城市的发展趋势，规划提出乡镇区划调整的方向、目标和路径，并设定了重点中心镇镇区不低于 5 万，其他镇区 1 万 ~3 万的人口规模规划标准。

"全面提高城镇发展质量"，是对城市发展方针内涵传统领域构成的补充完善。城镇化的过程也是现代化的过程，城市发展方针不应只论规模，还要关注城市功能、建设质量、服务水平等城镇发展质量，加快城镇化与实现城市现代化相结合。规划编制把方针中重视城镇发展质量的理念贯彻到各项相关内容，进一步提出了"以'做强、做大、做优、做美'（功能做强、规模做大、环境做优、景观做美）都市圈核心城市为重点，全面提高城镇发展质量"等诸多要求和相关指标。

为了实现新的城市发展方针指导下的规划目标，规划提出与之配套的多项改革创新政策措施，主要包括：调整行政区划，建立和完善社会保障制度，改革城市建设投融资机制，改革土地使用制度，改革户籍制度，改革市政公用行业机制等（表 2-2、图 2-1）。

④反思

当时侧重关注城镇集聚和中心城市发展，没有关注改变重城轻乡、重物轻文、重经济轻社会的惯性倾向。针对当时对于生态发展理念不够重视的问题，在编制《江苏省城镇体系规划（2012—2030）》时，将新宜城镇聚合轴改为交通轴，设立苏南丘陵山区、苏北水乡湿地两个生态区域，对全省城镇体系进行了优化（图 2-2）。

针对乡村的主体特点、村民需求和六次产业发展，历史文化保护

江苏省城镇体系布局结构和数量规划目标的实现情况　　　表 2-2

	现状（1997年）	规划目标（2020年）	实现情况（2020年）
全省人口	7147.86万	8000万	8474.8万
布局结构	以经济区划分为四片，以发展水平划分为苏南、苏中、苏北	三圈五轴：南京、徐州、苏锡常都市圈；沪宁、宁通、徐连、连通、新宜城镇聚合轴	一带两轴三圈：沿江城市带（沪宁、宁通两轴合并），徐连、连通两轴，南京、徐州、苏锡常三圈。新宜轴改为交通轴，保护苏南丘陵和苏北水乡湿地（2011年调整规划）
市县数量	设区市13个，县级市、县65个	设区市13个，县级市、县53个	设区市13个，县级市、县40个
乡镇数量	2005个乡、镇	镇660个左右	666个镇，1个民族乡

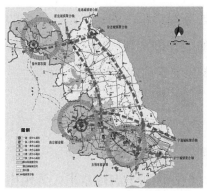

图 2-1　江苏省城镇体系空间结构 2020

图 2-2　江苏省城镇体系空间结构 2030

与利用，全域旅游的发展趋势，基本公共服务均等化等，应当更全面地统筹这些问题，在中心城市集聚过程中更合理地规划乡村布点，更周全地保护利用各种物质、非物质资源。

城市规划不是单纯的专业技术工作，广泛参与、民主协商、权威决策、实施措施都是科学规划不可或缺的组成部分。《江苏省城镇体系规划》编制过程中，社会相关领域、国家和省内专家进行了有组织的研讨近百次；省领导带领规划项目组分赴各市征求意见，协调各市意愿，并对规划的有关重要意图、政策性关键用词等作出直接贡献；

规划的主要精神和目标内容通过党委、政府专门文件下发，强有力地保障了规划的依法贯彻实施。

2）江苏省三个都市圈规划（2001~2020 年）

《江苏省城镇体系规划（1999—2020）》得到国家批准后，江苏随即正式展开了在全省城镇体系规划中研究、提出构建并初步明确的南京、徐州、苏锡常三个都市圈的规划编制工作。

规划编制时，国内还没有都市圈规划的编制实践，项目组依据江苏省情特点，形成以下对都市圈基本概念的认识。

人口和城镇密集的区域，中心城市首位度优势明显。

"都市圈"区别于"城市群"的两点：一是有百万城市人口以上的核心城市，可以发挥区域带动作用，而不是"群龙无首"，其中单核如南京都市圈、徐州都市圈，多核如苏锡常都市圈；二是有明确的时空范围，当时江苏以去核心城市目的地办事、利用现状或规划的最佳交通方式、当天方便来回作为都市圈范围的确定依据。

①都市圈基本框架结构

圈内分层，中心放射，节点集聚。

圈内分层，以交通时间为基本依据，分为两层：核心圈层——半天来回，单程交通时间 1 个小时以内，按照当时的交通水平，为距中心城市核心区 50 公里左右范围；紧密圈层——当天来回，单程交通时间 1.5 小时左右，按照当时交通水平，为距中心城市核心区 100 公里左右范围；并适当考虑外围地区关系。

中心放射，以核心城市的对外交通走廊为基本依据，因地制宜规划都市圈交通放射网络。

节点集聚，以区域地貌和现状城镇为主，结合交通枢纽和放射网络，选择集聚节点，形成集聚发展的点轴、轴线、网络等不同等级和形态的城镇空间结构。

②规划主要意图

四共——规划共商，设施共建，环境共保，市场共享。

规划共商。都市圈包括了若干城市，各有自身的利益、观点和轻重缓急，共商才能形成协调统一的都市圈规划目标。规划共商有两种组织方式，一是圈内城市平等、自愿的自组织，二是圈内城市的共同上级牵头组织。当时江苏的都市圈规划中，省内部分是由省牵头组织，相关城市共同参与，省外部分是相关城市自愿、平等参与的组织方式。

设施共建。包括三个层面：一是功能层面，考虑都市圈大系统、大市场，统筹发挥各自优势，避免小而全和重复建设；二是定位层面，主要是各类通道的坐标、等级、截面等必要的技术参数关联协调；三是实施层面，衔接协调，时序自定。

环境共保。根据都市圈城市各自特点，主要协调水域的上下游环境、相邻地带的功能布局等影响关系，避免以邻为壑。

市场共享。共商、共建、共保的主要目的就是共享，规划围绕构建都市圈大市场，提出降低、减少、消除行政区划壁垒对统一市场影响的建议。

③三个都市圈规划策略的主要区别

区域发展态势方面的主要特点是，苏锡常都市圈市场经济发展良好，市、县发展齐头并进，但同质竞争现象较为普遍；南京都市圈核心城市强，县域经济差，个别县处于全省末几位；徐州都市圈地处黄淮海地区，是中国东部地区的低谷地带，核心城市是老工矿业基地，亟待发展转型。

针对三个都市圈的现状特点，规划分别以"协调""发展、协调"和"培育、发展、协调"作为苏锡常、南京和徐州都市圈规划的策略指导方针。

苏锡常都市圈侧重"协调"，在现状良好发展的基础上，合理发挥市场和政府两个主体的不同作用，注重发展过程中的兼顾协调，减少无序竞争，避免相互干扰，加强区域发展的整体性、协调性。

南京都市圈既要加强县域经济"发展"，重视市、县发展的"协调"，也要充分发挥核心城市作用，加强与都市圈内其他城市的协调。

徐州都市圈在沿海大区域中发展整体滞后，应当加强对本区域发展条件的建设、发展能力的培育，首先是重点加强对核心城市的培育；在优先发展好核心城市的基础上，与南京都市圈一样，普遍加强县域经济发展，加强市县之间、核心城市和其他城市之间的协调。

④实施成效

各个都市圈的道路交通共建目标基本实现，多数城市之间的部分公共交通实现一卡通；环境共保的主要目标得到贯彻落实；南京都市圈建立并正常实施了都市圈共商机制。

⑤反思

都市圈往往地跨不同省、市行政区域，相关城市的共同意愿是进行都市圈规划的前提，共同组织是做好规划的保障，共同行动是都市圈规划实施的必要条件。

都市圈不是一级行政区划，通常以行政区划为范围的城市规划的内容和方法不能生搬硬套用于都市圈规划。应以都市圈城市的共同问题、共同关注为导向，以共同利益为目标；以能够解决问题、实现目标为要点；规划目标不在大小多少，能够取得实质性进展，规划就有积极意义和作用，实事求是地确定规划的内容组成和目标要求、成果形式。

利益共同体是都市圈的本质意义，应把共同趋利避害、协调利弊关系作为都市圈规划的主要目的，在主要目的的基础上，按照各个城市主体平等的原则，共商明确都市圈的规划目标和内容。除此以外，不宜涉及甚至干预城市自身的其他内容，以利于共同目标的确定和落实。

行政区划壁垒是市场共享、集约经营的障碍，城镇密集区因这样的壁垒存在而导致规模效益、整体效率降低。降低、减少、消除行政区划壁垒，是利用市场调节规律共同协调发展的关键，都市圈规划应该对此提出必要的可行建议。

3）江苏省沿江城市带、沿江风光带、沿江轨道线网规划（2003~2020年）

随着2000年江苏省城市工作会议的召开和《江苏省城镇体系规

划（1999—2020）》的批准实施，在新的城市发展方针引导和鼓励下，江苏城镇化快速推进，特别是沿江城市发展热情高涨，长江岸线的 21 个市、县纷纷组织编制沿江开发规划，沿江逾 430 公里长的两岸地带的功能、环境、岸线和空间等多方面矛盾凸显，相邻市、县之间缺乏协调，江南、江北没有统筹。

2002 年开始，江苏省陆续组织、牵头开展了江苏沿长江的城市带、风光带和轨道线网三个区域性规划，其中轨道线网规划委托铁道部第四设计院具体编制。

①规划主要意图

呼应沿江各市发展动态，按照已得到国家批准的《江苏省城镇体系规划（1999—2020）》中的远期意图，对沪宁、宁通两条城镇聚合轴提前谋划整合，对沿江 21 个城市（其中 8 个设区市）的生产生活规划用地，区域的城乡空间、自然环境、风景旅游等资源保护利用，整体协调统筹形成沿江城市带、沿江风光带（图 2-3、图 2-4）。

对沿江各城市的规划加强整体组织、重点协调，防止过热，对相关城市的规划中已经出现的发展意愿各行其是、空间结构布局相互冲突的现象，针对性加强统筹协调，避免形成不良结果。

根据全省城市化进程和目标，结合国家有关基础设施的规划和逻辑性推测，预估公路、铁路、隧道、管道、电力、通信等各类基础设施对长江过江通道的方式、数量和位置等需求，协调沿江各城市的区域发展关系、长江两岸关系、建设保护关系，明确过江通道点位，预控相关岸线、用地和必要腹地。

结合利用公路、隧道等与城市交通关系密切的过江通道，加强长江对岸城市之间的联系，引导城市功能和空间相向发展，促进形成城市组群，扩展市场空间，共同提升区域竞争力。

对照江苏省国民经济社会发展领域提出的沿江地区经济发展规划目标，利用测算江苏能源的单位 GDP 消耗、增加值总量消耗，污染物的单位 GDP 排放、增加值总量排放等方法，以保障沿江地区的整体环境保护达标、运输总量供需平衡为基准，核算能源消耗、环境容量与经济发展目标之间的总量关系，提出相关能源消耗、环境容量的总量控制要求，并提出倒逼有关高耗高排产业的结构、门类、层次转型升级的建议。

图2-3　江苏省沿江城市带规划-2020

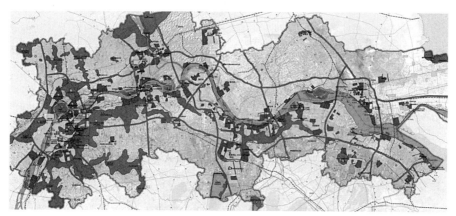

图2-4　江苏省沿江风光带规划-2020

②反思

以上三个规划没有法定批准，但其中的规划意图、原则对沿江各市、县的规划起到了指导、借鉴和启发作用，各类过江通道的定位、预控等规划要求基本都得到了有关市、县的城市总体规划、其他相关法定规划和专项规划的确定认可。

规划的意图、原则等中、远期的方向和目标应尽可能科学合理，但近期实施措施必须切实可行。科学合理与切实可行都应准确把握、妥善协调，不可偏废。如果没有近期的切实可行，就无法到达远期的科学合理。例如单位 GDP 的能耗、排放直接取决于产业的结构、层次和技术水平，直接受发展阶段、发展能力的影响和制约，城市规划只能从目标设定和用地功能等方面发挥一定的引导作用。

从宏观发展角度看，区域问题就是城市问题，城市问题也是区域问题，二者互为背景和立脚点，是同一个问题的两个方面、同一个系统的两个组成部分。城市如同大树，树冠明确稳定，树荫随时机而有方向和范围上的明显变化，树根可达的范围取决于根须与主干的连通性，同时也对树冠的体量和茂盛程度具有决定性作用。

4）《环太湖风景路规划》《江苏省大运河风景路规划》

随着城乡环境的改善和乡村休闲度假旅游的兴起，2010 年江苏相继开展了环太湖和大运河江苏段的风景路规划，其中《环太湖风景路规划》由江苏、浙江两省商定共同组织编制。

①规划主要意图

大运河从江苏东南的江浙交界到西北的苏鲁交界全线贯穿，与太湖在苏锡常地区相切相汇。一河一湖与东西走向的长江、南北走向的黄海滩，构成江苏独揽"江河湖海"的自然风光特色。

环太湖地区和大运河两岸是江苏数千年历史演进的主要地区，也是延续至今的全省自然生态主脉。统筹做好环太湖和大运河两岸地区的自然资源、人文资源、生态环境的保护利用，就能保护好全省的历史人文主干脉络，保护好全省的生态环境核心地带；与沿江风光带共同形成全省的历史、人文和生态框架，凸显江河湖海和平原水乡特色，充分发挥旅游业的带动作用，促进沿线地带城乡生活生产水平发展提升。

②规划主要策略

全线统筹，整体推进。

环太湖地区涉及江浙两省的四市三县，环绕太湖形成 317 公里长的主环和 21 条放射线，共计 295 公里的自行车道框架，串联了 13 个景区、1000 多个景点，连通近百个建制村。

　　大运河江苏段沿线地区涉及八市七县，两岸形成 968 公里长的主线和若干条支线，主线河段流经 8 个国家历史文化名城、11 个国家和省级历史文化名镇以及若干名村、特色村，串联了 88 个国家级、省级风景区、旅游度假区和多类保护区。

　　保护优先，旅游主导。

　　以国家要求的大运河南水北调和太湖流域的水质保障为基础，协调明确沿线沿岸各类自然人文资源、水域陆域环境和乡村生态的保护，尤其是大运河沿线历史文化遗存有效保护的原则要求；以休闲度假旅游业为主导，重点谋划引导沿线村镇的旅游业发展，及其密切相关如旅游商品生产等的发展方向和主要内容。

　　城乡统筹，设施保障。

　　以沿河城市为依托，沿线、沿岸构建旅游交通、接待设施、公共服务三个分级分类体系和市政、信息、安全三个系统。

　　③规划实施效果

　　两个规划的指导原则和主要内容已分别纳入相关下位规划；太湖自行车主环已形成，环太湖国际公路自行车赛已举办 10 届（图 2-5、图 2-6）。

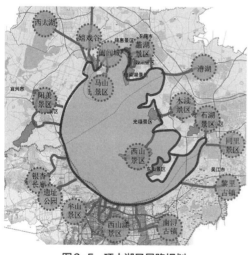

图2-5　环太湖风景路规划

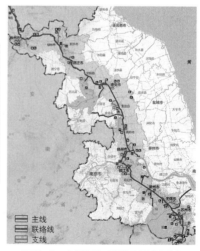

图2-6　大运河江苏段风景路规划

④反思

大运河江苏段风景路斜穿全省，包括了全省最发达和滞后等多类地区，城市人均 GDP 当时相差 6 倍；沿线穿越楚汉文化、淮扬文化、金陵文化、吴文化等不同传统文化区域；市、县所处的发展阶段、各自的重点需求和能力，以及城河空间关系、城乡关系、经济特点等，客观存在着很多、很大的区别和差别。规划偏重关注单项主导、统一意志的理想，对因地制宜、地方意愿的重视很不够，因此难以形成协调、统一的实施行动。

相比之下，几乎同时编制的《环太湖风景路规划》所涉及的沿湖七市、县，发展程度同步，太湖文化同源，环湖提升同利，最关键的是江浙两省同心、沿湖市县同力，因此较快取得了良好成效。

对于较大区域，在还没有综合性区域规划的条件下，若首先单独编制某个专业、专项规划，其区域背景的全面性、总体发展的战略性等问题缺乏科学、有效的指导，从城市规划编制组织角度是需要慎重考虑和应对的。

（2）城市总体规划

1）《拉萨市城市总体规划（2007—2020 年）》

①规划背景

拉萨市根据国家对西藏自治区的统一要求，结合本市实际贯彻落实科学发展观，促进社会和谐和国民经济又好又快发展，加快全面建成小康社会和迈向现代化的步伐，将拉萨建设成为传统与现代相融合的特色城市，2007 年进行了城市总体规划编制工作。

②主要规划意图：三应一促

顺应雪域高原的地理气候、生态极度敏感等制约条件，因应与第三产业占 GDP 70% 相关的经济社会结构特点，适应藏族等多民族地区富有特色的区域、城市文化和具有广泛基础的受藏传佛教影响的社会文化，促进拉萨市平稳、健康、和谐发展。

③规划原则目标：三保一发展

保障生态，建设生态拉萨。

　　雪域高原生态极度脆弱，现场踏勘中发现，30多年前为建设青藏铁路进行地质勘查时铲掉一寸厚度土层的植被至今都未能恢复，充分显示了高原生态的脆弱程度；有"拉萨氧气罐"作用的拉努湿地，30年来不断被围填占建，面积只剩下一半。

　　规划针对拉萨市域生态特点与现状，运用遥感和GIS技术研究建立了针对拉萨全市域3万多平方公里的生态足迹模型以测算生态承载力，据此将全市划分为生态保护、禁止开发，生态维护、限制开发，生态协调、引导开发三类区域；并以不同能源种类与消耗量、水耗、污染与排放、环境容量等作为产业发展门类引导和布局的基本原则（图2-7）。

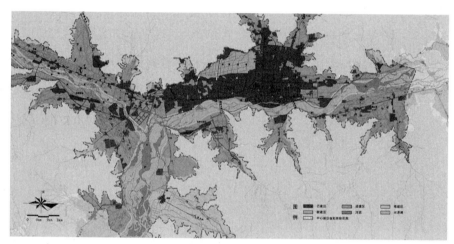

图2-7　生态拉萨

　　保护文化，建设人文拉萨。

　　以世界文化遗产的保护为重点，统筹历史文化和现代文化保护；以藏族文化保护为重点，统筹多民族的文化保护；以宗教文化保护为重点，统筹习俗文化、社会文化的保护。

　　针对高原、区域的社会特点，研究拉萨城区的生态适宜性条件，以适宜承载量引导控制、疏解老城；针对人处高原的行为特点，规划全城慢行系统；研究居民、香客、游客等各类群体的不同需求和空间分布特点，统筹用地功能布局、特色线路结构和相关配套设施等（图2-8、图2-9）。

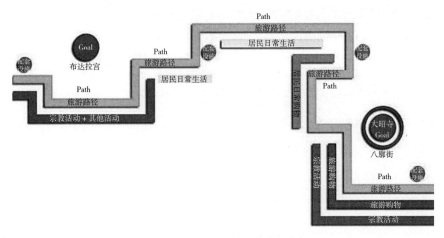

图2-8 人文拉萨——旅游路径组织

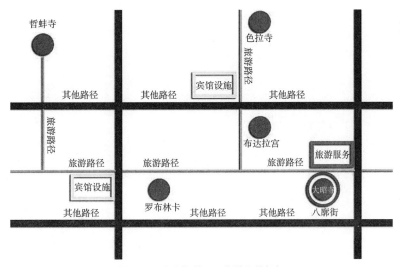

图2-9 人文拉萨——旅游设施组织

保持特色，建设特色拉萨。

坚守以布达拉宫为中心的山水城历史空间关系、街道布局结构、重要视点、视廊视野、老城空间尺度等传统城市空间特色，以此为依据，运用城市设计方法，因地制宜地进行景观结构保护和高度分区，构建特色城市空间体系。注重区别利用工作、生活、旅游、宗教等主要日常活动的不同行为和人文心理因素，促进合理交流、适度交融，减少、避免相互干扰（图2-10、图2-11）。

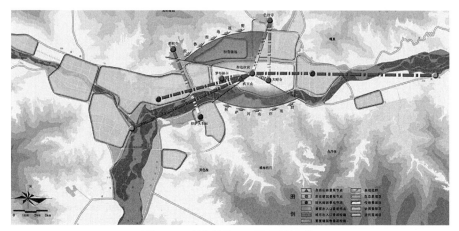

图 2-10 特色拉萨——景观结构保护

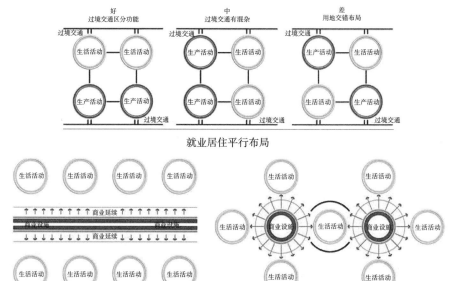

图 2-11 特色拉萨——日常活动行为梳理

保护利用藏族建筑特色和传统工艺等非物质文化、相关节庆活动等文化行为特色，合理利用、组织宗教等文化活动形成城市特色空间系统；利用自治区首府城市的影响，布局安排属于西藏自治区内涵构成的地区特色街、民族特色街，使拉萨成为展示西藏各地区、多民族文化的窗口。

健康发展，建设现代拉萨。

充分尊重和呼应城市的发展意愿，克服"拉萨只要做好保护就好，经济依靠国家援助和各省支持"[1]的片面观点。拉萨市一位藏族领导形象而风趣地表达了当地人民迫切希望发展的意愿：外界说我们藏族人一生只洗 3 次澡，那是因为高原太冷、过去太穷没条件，现在我们也想每天能洗一次澡。

规划在做好"三保"的基础上，坚持低碳生态导向的能源结构和三产为主的产业结构，以保障生态、利用优势和经济效益为导向，统筹促进产业调整升级；以分区引导、停车调控为导向，统筹传统交通和现代交通有机结合、相得益彰；配合拉萨现代化进程需求，安排功能相关、水平相称、特点相宜的市政设施、公共设施和其他设施（图 2-12）。

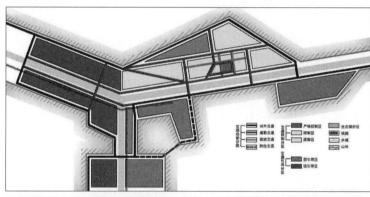

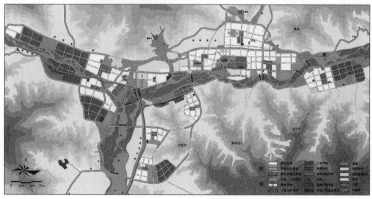

图 2-12　现代拉萨

---

① 本次规划编制的咨询过程中的一种意见。

④实施状况

2020 年年末对比规划目标,拉萨市总人口 86 万人,超过预期目标 16 万人;城镇化率为 70%,低于预期目标 5 个百分点;第三产业占比 54%,低于保持 70% 的预期目标;人均 GDP 7.9 万元,低于预期目标 2.1 万元;城镇居民和农牧民的人均收入分别高于 4 万和 1.6 万元的预期目标;除了老城疏解目标及其直接相关要素,保护类、设施类等规划目标基本全部实现。

⑤反思

工业化发展阶段的普遍性规律,市场区位、发展文化和相关各类可利用人才等特点,是城市规划中必须十分重视的经济、产业等要素。产业的结构调整主要依靠资源、市场等客观条件,产业的层次升级则更多地取决于技术因素,特别是人才要素,发展经济产业尤其是高新技术产业,离不开相应的人才支撑。

可以把从拉萨市该轮总体规划编制实施得到的启示归纳为:阶段特点参照系,近期需求动力源;资源依据可利用,人才保障很关键。参照系要适合本市,不宜盲目攀比;动力源要切实靠谱,不能好高骛远;发展资源重在可用、会用,会则能使草木生辉,否则可能空怀其璧。

城镇化模式与经济效率密切相关,客观因素是由不同集聚度衍生的效率差所产生的方向动力,主观因素有统计的规则、方式所带来的统计可能性、准确性的区别。考虑到人口密度、产业结构门类、生活文化习俗等诸多因素,在一定的范围内,城镇化率只是一种状态,不能代表发展的程度。

老城疏解涉及复杂的经济社会关系,一些深层次的因素和矛盾需要具体、详细的调查才有可能知晓,特殊的甚至在规划实施时才会显现清楚。城市总体规划的技术深度可以明确发展方向,如果没有具备定量条件的相关政策,则不太适宜明确疏解的具体目标,特别是量化目标。

2)《昆山市城市总体规划（2009—2030 年）》

①规划背景

昆山市 20 世纪 90 年代初受上海浦东开发的带动，外资、外企持续涌入，工业化、城镇化快速发展；2008 年外来劳动力达本市在册人口的 1.5 倍，社会福利和保障的公平性、社会性矛盾凸显；乡镇企业繁荣时期的 26 个乡镇已撤并为 16 个，经济总量可观、空间布局分散，具有小城镇式的基础设施、公共设施体系和服务水平；土地资源紧缺、利用效率不高，生态空间、环境和历史文化等保护矛盾加剧。以上相关情况和问题的特点在苏南地区具有普遍性。

②主要规划意图

贯彻落实《江苏省城镇体系规划（1999—2020）》确定的重视"集聚发展、集约经营"的理念，确立把"大城市、现代化、可持续"作为昆山市的总体发展方向，以城市空间规模集聚为基本抓手，以现代化水平为努力目标，以持续发展为底线保障，统筹规划目标，协调实施路径，落实条块责任。

"大城市"，要求转变小城镇的传统观念习惯、发展方式、管理模式和相关标准，因势利导，加快、加强集聚，按照大城市的功能、设施、管理等标准和要求，集中力量进行体系性观念更新、物质建设、制度建设、能力建设。全市域 931 平方公里分为水乡古镇、农业、城市 3 个功能区。其中，水乡古镇区保留 3 个国家历史文化名镇和 1 个与上海市青浦区共享一湖的滨湖特色镇，农业区保留以阳澄湖大闸蟹闻名的农业多种经营特色镇，集中建设中心城市；南北方向以规划森林公园贯穿 3 个功能区（图 2-13）。

"现代化"，在全国基本现代化目标的基础上，按照昆山市条件，因地制宜地增加内容、提高标准。规划提出经济发展 4 项、人民生活 11 项以及综合交通等，共计 30 多项具体指标，以使昆山市始终保持在全国县级城市现代化的前列。

"可持续"，以土地、生态、能源 3 个要素为具体发展行为的硬约束条件，以万元 GDP 的消耗、排放等可考量项为主要内容，提出生态文明建设可持续发展的十多项具体指标。

③实施成效

规划到 2015 年，市域总人口为 250 万人，中心城市人口为 195 万人，GDP 为 4000 亿元，人均 GDP 为 16 万元。

2020 年实际数据分别是：市域总人口为 281 万人，中心城区按照国家第七次人口普查数据人口为 209.2 万人，进入"大城市"行列；GDP 为 4277 亿元，人均 GDP 为 24.26 万元，全市经济总量略低于预期，人均值高于预期。生态环境、保护、设施等规划指标基本全面按进程

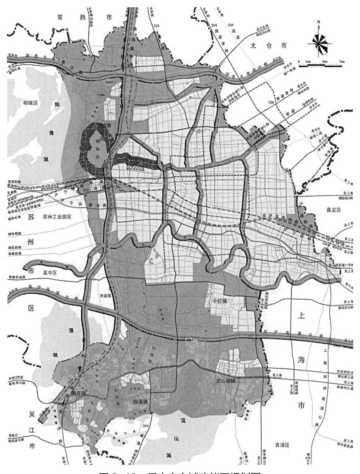

图 2-13　昆山市市域功能区规划图

或已经提前实现。

④反思

发展阶段的变化既有阶段自身的内在逻辑性，也有外部形势，特别是经济因素以外的不可预测性。城市总体规划一般期限 20 年左右，其间有可能发生对于城市而言是客观存在条件的很多变化，应当避免惯性思维，重视阶段性特点，加强逻辑性研究，预估不可预测性的弹性应对。

需要关注研究必要的、当地当时切实可行的约束手段和能够起到调控作用的空间技术手段，发挥对产业的结构调整、层次升级、低碳生态的引导、支持与倒逼作用。

3）《宜兴市城市总体规划（2017—2035 年）》

①规划主要背景

规划于 2015 年开始编制，此时的城市空间发展方式已经开始向以存量为主转型，乡村振兴、全域旅游成为当地的阶段重点规划内容，"三规合一、多规融合"正进行试点工作（图 2-14、图 2-15）。

②主要规划意图

首先通过深入分析、参照系比较，着重利用优势导向和潜力导向，确定本规划试图实现的主要目标和需要解决的重点问题。

针对现状分析和区域比较总结所得出的发展动力不足、城市特色不强、支撑系统不全、相关措施不对应等现状问题，依托区位特殊优势，以"三规合一、多规融合"为抓手，以全域旅游为突破点，充分利用宜兴的独特条件，把建设"与众不同的卓越城市"作为规划的总体目标。

③主要规划特色内容

资源梳理。全面进行自然人文资源的挖掘梳理，对近 700 平方公里丘陵山区利用无人机技术配合调研勘察，进行视点视线视野分析，增加了百余个景点。规划全域各类景点 1598 个，市域景点密度 0.9 个 / 平方公里，其中 1464 平方公里陆域的景点密度达 1.1 个 / 平方公里。

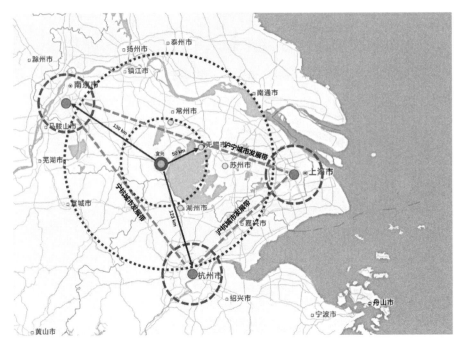

图 2-14　区位分析图

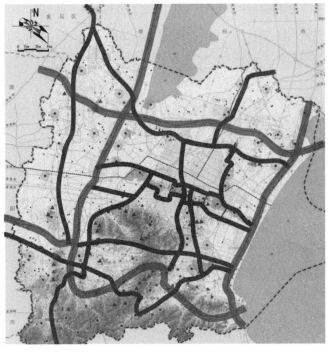

图 2-15　宜兴市域旅游风景路网络框架

规划目标。按照"与众不同的卓越城市"的规划总体目标，明确目标的内涵领域和具体内容。

宜兴的四个"与众不同"：奇葩独树、浸润全市、闻名于世的紫砂文化；2000多年长盛不衰的陶文化及其构成市域空间结构的历史文化遗存带；山湖氿洞林城、立体交融镶嵌的独特城市空间；自然人文资源密布、可视可达可游可赏的全域休闲度假景观系统。

宜兴的五个"卓越"：环境优美、设施优质、服务优良、生活优裕等领域的现代化水平，总体进入全省前列，基础条件较好的如环境、生活等方面走在全国前列。

规划中分为创新、协调、绿色、开放、共享五个板块，设立53项现代化指标，其中"与众不同"（人无我有）6项，"卓越"（人有我优）6项。

全域旅游。以市域、片区、景区的水、陆各三级风景路覆盖近90%的景点；划分52个主题景区，每个景区可游赏一天，覆盖85%的景点；以全域的旅游线路、旅游产品、旅游商品等4个系统，空间布局如陶文化、茶文化等4个系统，公共服务的基本服务、特色服务、高端服务3个系统，综合交通如特色旅游交通等4个系统，以及基础设施，共16个系统，全面提升，带动全局。

"三规合一"。因为主体功能区技术尺度更加宏观，而且《江苏省发展规划条例》中规定"市、县（市、区）不编制主体功能区规划"①，因此当时江苏各市、县面临的问题主要是城市总体规划和土地利用总体规划的合一。

规划中采用城市总体规划、土地利用总体规划两份总图按照地理坐标同位叠加的方法，清晰对比出两个总体规划的土地利用异同。"两规"中土地利用一致的保留；对于"两规"的不同之处，在城市规划建设用地范围内，以城市总体规划为主进行协调、调整一致；其他范

---

① 《江苏省发展规划条例》第十二条第三款，2010年。

围以土地利用总体规划为主进行协调、调整一致。这种做法可以从规划技术本身做到"两规"的总图合一。

划分生态空间、农业空间、城镇空间，划定生态保护红线、永久基本农田保护线、城镇开发边界"三区三线"；在此基础上，进行禁建、限建、适建、已建四区划定；明确规划保留的全部3000多个自然村的点位，为全市域的各类基础设施、公共设施和相关安排提供依据，使不同规划的相关要求和应当在全市层面进行空间安排的需求统一到了"一张图"上。

④实施成效

全域旅游的概念深入人心，相关各方积极参与规划实施，特别是宜南山区旅游业按照规划持续健康良性发展。根据存量更新的规划内容和要求，宜城城区开展了一系列城市更新行动，丁蜀城区尤其是蜀南街历史文化街区开展渐进式修缮，成效显著。

在"多规合一"的理念指导下，宜兴城市总体规划中划定"三区三线"，坚持底线管控，在新一轮国土空间总体规划尚未编制完成的情况下，保证了一批重大项目顺利落地建设。关于太湖岸线利用的专题研究也为无锡市域有关重大项目的顺利实施创造了条件。

⑤反思

城市规划传统习惯使用的空间数据用于城市总体规划、土地利用总体规划"一张图"上的整合就明显不够细致，特别是城市规划图上的用地功能范围多是理性的、理想的，与实际空间中的用地自然边界、地籍的产权边界经常存在差距。

分析和解决空间的不同问题必需相应比例的图纸。地籍和用地的实际边界需要详细规划层面的大比例尺地形图才能表达清楚，总体规划的图纸比例和技术深度难以从建设项目的技术层次准确表达具体的用地边界，无法显现出很多需要具体协调的问题。协调不具体到位，实施就不可能顺畅，因此总体规划和详细规划法定作用的分工应当根据各自的技术深度特点予以确定。

部分涉及城乡社会基层的指标过于细致，且未考虑诸多村镇不同条件的区别，规划中对合理的弹性不够关注。

（3）生态专项规划与控制性详细规划：《苏州工业园区生态规划（2009—2020年）》、苏州工业园区《独墅湖科教创新区控制性详细规划（2009—2020年）》

①规划主要背景

经过十多年的快速发展，苏州工业园区的总体框架和主要布局已基本完成，资源、环境压力增大；经济社会发展良好，资源、能源利用效率不高；发展质量国内优良，但与发达国家有明显差距。低碳生态发展已成为全球共识。

②主要规划意图

瞄准国际先进水平，以低碳、生态为抓手，通过精细建设促进发展提质增效，使园区整体进入国际先进行列。

对园区进行总体生态规划，并选择功能条件较好、建设时机适逢其时的科教创新区，按照总体生态规划的内容和目标，编制控制性详细规划进行落实。

③园区总体生态规划的主要内容

研究园区低碳生态的定义，明确在城市规划领域，尤其是在此项规划任务中包括哪些方面和内容。通过调研确定了经济高效、社会和谐、建设科学、生态健康、资源节约五大类，共49项指标。

对工业园区发展现状与世界先进水平园区进行比较，包括国际领先水平、主流水平园区，分析对比不同参照系，特别是通过与适合苏州工业园区情况（例如新加坡）的比较，找出具体差距所在，明确努力的方向、目标和指标值。

从产业发展（包括门类、单位GDP消耗排放等）、总体布局（包括就业居住关系、中心体系的各级服务半径等）、开发强度、地均产出效益、能源结构、交通体系（包括方式结构、公共交通与两侧用地的功能协调、客流契合等）、生态系统（包括空间结构、碳氧平衡等）、污染治理（包括污水、废气、固体废弃物等）共 8 个方面选择确定近百项措施和指标，进行分解、落实责任。

④科教创新区控制性详细规划的主要内容

落实园区总体生态规划要求，以低碳生态为核心，以减少碳排、增加碳汇、自然和谐为最终核心目标，提出"紧凑型"空间规划、"深绿型"生态建设和"节约型"资源管理三大内容板块，分解为 7 项策略和 21 项措施（图 2-16）。

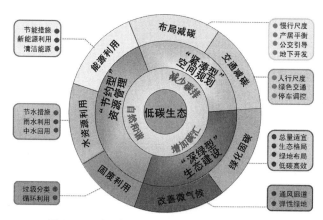

图 2-16 独墅湖科教创新区低碳生态控规技术路线

⑤实施成效

总体上全面实施，效果良好，大部分预期目标已实现。其中万元 GDP 能耗低于 0.25 吨标准煤，达到国际先进水平；流出园区的水质比上游进入园区的水质提升一类。

⑥反思

我国当前阶段规划建设领域的节地、节能增效等低碳生态发展举措，主要针对过去快速发展阶段中的一些粗放方式带来的影响，通过合理提高建设强度和建筑空间利用率是比较易行且有效的方法。在过去几十年快速工业化过程中形成的生产区，现状建设强度多有不同程度的提升空间，但需要相应的配套政策才能利用其潜力。

与用地功能相协调的公共交通系统是科学合理布局、集约节约用地的关键，也是促进公交优先、节约能源的重要渠道。

产业的结构转型和层次升级是节能节水节地、绿色生态发展的根本措施；产业转移的挑战也是对发展方式、路径和策略优化调整的宝贵机遇。

（4）历史文化保护规划：《苏州历史文化名城保护规划（2013—2030年）》，苏州市怡园、阊门历史街区的保护规划（2014—2030年）

①规划主要背景

为了更好地保护苏州历史文化名城，2012年，经中央机构编制委员会办公室批准，苏州老城的金阊、沧浪、平江三个行政区合并为姑苏区；住房和城乡建设部批准其为"苏州国家历史文化名城保护示范区"，要求在保护好苏州历史文化名城的同时，积极探索、总结，形成可借鉴、推广的经验。

苏州历史悠久、代有遗存，空间分布广泛，内容类型丰富，保护工作正常普及、基础较好。苏州历史文化名城保护效果总体良好，但保护的理念、方法仍然比较传统，已不能适应新的保护需要，近20平方公里历史城区在经济社会发展和生活环境宜居等方面与周边的差距明显加大。

②主要规划意图

充分利用现有条件，针对主要存在问题，呼应新的时代需求，积极更新完善观念，勇于改进创新方法，提高苏州历史文化名城的保护质量和水平，同时按照住房和城乡建设部关于"示范"的要求，关注形成一般性的可借鉴方法。

③名城保护规划主要内容

建立信息系统。在利用第三次文物普查成果的基础上，将分布在本市域范围内的近2000处各级、各类物质文化遗存纳入城市地理信息系统，并设专库，包括空间坐标定位，内容和文、图建档，信息分三类用途（旅游、建设、决策）提供查询渠道及其内容的要求分层构建。

更新完善保护观念。将 20 世纪 80 年代中期以来一直贯彻执行的"全面保护，合理利用"的指导方针拓展为"全面保护，专业保护；合理利用，有效利用；特色发展，持续发展"。强调提高保护工作的专业水平，加强保护相关专业的合理参与；根据不同保护对象的具体条件，合理提高保护标准，改变保护对象很多只能低效使用的状况；注重保护特色、利用特色，使古城合理更新、活力持续。

改进创新保护方法。根据苏州历史文化遗存丰厚、分布广泛、类型众多的特点，提出"三分"保护方法。"分年代"，关注研究如隋、唐、宋、明、清等不同历史时期特点，反映历史文化的演变历程；"分类型"，园林、官衙、庙宇、商店、民居，丝绸、织锦，玉雕、木雕、砖雕、石雕、核雕，等等，不同类型细分专业，根据各自特点进行针对性保护；"分层次"，对应遗存所在分布，按照行政管辖权，分级、分层落实保护责任。

明确名城保护空间结构。传承苏州古城传统布局结构，结合遗存分布现状和古城复兴需要，优化确定"两环三线九片多点"的保护空间框架（图 2-17）。

两环：城环、街环。城环是苏州城 2000 多年历史的见证，以城墙、城河为主体，融合两岸绿地，形成历史文化景观休闲环。街环是姑苏城内繁华聚集地带，安排各种苏州特色商贸文化产业，形成城市生活环。

三线：山塘线、上塘线、城中线。山塘线是古城连通到运河边寒山寺的十里繁华山塘街；上塘线是古城连通到虎丘的生活性街道；城中线疏通利用现有传统布局，东西贯通联络两环。

九片：历史街区、历史地段等历史文化集中保护区。

多点：具体包括城门、代表性园林、标志性古塔、标志性近现代建筑等保护对象。

创新制度。通过修建性详细规划技术深度的历史街区保护规划，分解落实名城保护规划确定的原则、目标和各项任务。提出建立完善

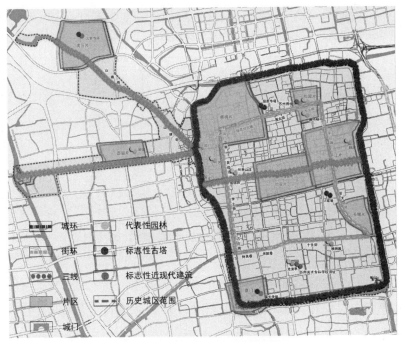

图 2-17　苏州历史文化名城保护结构图

"四类传承" "四专保障" 制度的要求。

四类传承：特色文化传承、特色产业传承、原住民传承、传统民居传承。分别细化明确传承的具体对象、载体、渠道等有关内容。

四专保障：专业标准保障、专家传人保障、专门政策保障、专项立法保障（图 2-18）。

④实施成效

城环基本形成，街环开始进行相关功能调整，三线九片多点保护良好，城内水系按规划疏通、恢复，有关传承、保障制度开始逐步建立。

⑤反思

古城新生的关键是在有效保护的前提下的现代发展机会。古城面积 14.2 平方公里，加上山塘、上塘两线范围，面积近 20 平方公里。如此规模的古城区不能生搬硬套文物保护、历史街区保护的标准和规则，必须切实贯彻落实 "在发展中保护，在保护中发展" 的原则，协调好保护与发展的辩证关系。特别要关注传统产业层次提升和现代化，

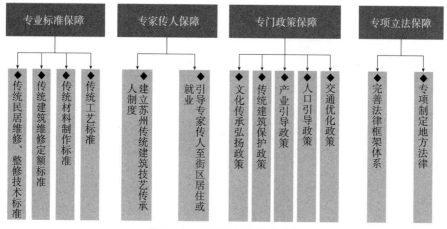

图 2-18　名城保护"四专保障"

鼓励不妨碍历史文化名城保护的新型产业引入，研究活力就业群体的需求特点，提供相应就业机会、就业岗位，才能使老城保持活力、持续发展。

传统民居的现代宜居条件目前已成为名城保持活力的主要瓶颈。就业岗位的特点对应着相应的宜居条件需求，苏州古城内1000万平方米的传统民居和改革开放初期阶段建设的住宅，对当今的普通工薪阶层尤其年轻人已经没有吸引力。在周边各区经济社会和居住水平快速发展提升的环境中，古城居民的老龄化程度加剧，弱势群体集聚的比例在持续加大。因此，保护传统民居文化的同时如何解决现代宜居条件的问题，已经成为古城能否恢复活力的关键。住宅平面设计方面，传统大家庭的进落式民居户型与现代核心家庭成员结构的适配性创新；住区结构方面，传统的鱼骨式街巷与小汽车进入家庭的需求矛盾；建筑材料和工艺方面，传统式住宅的保温隔热、隔声等建筑物理技术，是当前历史街区保护工作必须突破的三个制约性关键瓶颈。

三、城市规划实施管理与案例简介

城市规划实施管理，通常也简称为"规划管理"，是城市规划依法实现的保障，一般包括对建设项目的选址、用地和建设工程的规划管理。城市规划的实施管理和编制二者的技术特点、复杂所在、所需知识能力等很多方面都存在不小的区别。相对于规划编制侧重于技术性的特点，城市规划实施管理依法行政的要求更加强调法定性和规范性，并需要在科学合理的基础上更加切实可行、协调落地。此外，在不同专业和领域的交叉方面、在各方具体利益关系方面，城市规划实施管理的工作内容和要求也非常复杂，有时甚至需要相关主体点对点、相关人员面对面地统筹协调具体相关方的利益。

1. 城市规划实施管理基本要点

（1）城市规划实施管理的任务内涵与宗旨

城市规划实施管理，顾名思义，其根本任务就是对城市各方（对应于规划实施中面对的"各方"，规划编制中多是考虑"各种"）建设的需求及其行为、过程和目标，按照城市规划的规定要求进行引导、规范、调整和落实的管理。规划管理也可以根据合理的需要，在依法明确的特定情况下、范围内，按照规定的权限、渠道和方法，对实施阶段中的城市规划制定成果进行完善、调整、改变，并及时完成对城市规划制定成果的反馈。

城市规划实施管理的基本依据包括：城市规划法律法规、规章制度，依法批准的城市规划编制成果，城市规划技术标准规定规范；与城市规划实施任务相关的法律法规和技术标准等。

城市规划实施管理通过依法行政的渠道服务于城市规划的实施，宗旨是为人民服务、为经济社会发展服务、为城市的可持续发展服务。城市规划实施管理通过服务城市为人民服务，通过服务建设为经济社会发展服务，既要服务当前也要造福后代。

（2）城市发展阶段、发展条件与规划实施管理的一般关系

经济社会发展的不同阶段各有规划实施的行为特点。例如，发展平缓阶段建设行为少，外延扩张阶段新建项目多，内涵提升阶段更新

改造活动成为日常建设内容。针对实施行为的不同特点，规划管理的任务重点就有相应的区别，管理的方式和策略也需要根据任务的特点进行相应的变化。

发展条件影响规划实施管理的相关内容和具体管理组织。其中，城市自身特点的影响要素包括：布局结构有集中式、组团式、带状城市等，功能类型有工业型、商贸型、文化型，规模等级有大、中、小和超大之分，还有管理团队的专业能力特点等；社会治理制度特点的影响要素包括：法制完善程度，法治规范程度；建设方式有连片、插建、新建、修建；建设方有市场、政府，集体、私人、代建等不同类型特点的主体。

上述因素都有可能对城市规划实施管理的内容及其具体的方式、程度产生影响，或者说，城市规划实施管理的组织和行为需要考虑上述因素，因地制宜、因人制宜，确定纳入实施管理的内容、豁免对象，明确管理的重点内容和环节，具体规定条款的刚性、弹性，以及规划实施管理的内部组织架构等。

（3）管理组织模式

根据城市自身条件，灵活应对管理需要，规划实施管理的具体组织有专业分条、地域分块、要素分级等多种方式。

按实施管理内容的专业分条管理，例如用地管理、建筑管理、市政管理等，多用于中小城市。

按实施管理地域的分块管理、条块结合，一般将用地、建筑分地域管理，交通、市政等全局系统性、不应分割的内容保持条线管理，多用于大城市。

按实施管理要素的分级管理，以地域管理为基础，对建设项目的类型、规模、技术复杂程度、具体空间位置和对城市的影响作用等，按管理权限分级确定城市规划实施管理的内容，分别实施管理，以方便社会、基层和建设方。

这种以"分"为主的管理组织方式，适用于城市规划实施的专业和主体多样、空间分布和建设规模差别的多样性，但不适用于城市规划的编制管理。城市规划的编制必须全市统筹，保障城市各部分的统一性、各系统的协调性，"分"的方式不利于全局的统筹协调。因此城市规划编制的管理权应统一行使，统一规划制定，以保障决策的全局性。

（4）规划实施管理不同岗位的作用和责任

岗位的不同包括专业的不同、层级的不同。岗位所发挥的作用和承担的责任应该相互对应，从管理角度都可以简化为"岗位责任"，以明确岗位责任为依据，建立岗位责任制度。

以关键节点区分，城市规划实施管理工作可以分为以下三个岗位节点层次，对应有三种作用、三种责任。

校核层次节点，作用是按照相关规定、程序，要求和检查报审材料的完整、规范；基本责任是保证送审材料符合城市规划实施管理的规定要求。

审核层次节点，作用是审核送审材料是否符合法定性、技术性、政策性的相关规定和要求；基本责任是保证审批材料符合法定、技术、政策的刚性规定，明确提出需要研究商讨的问题，并提出具体处理建议。

审批层次节点，作用是根据送批材料和具体处理建议，统筹相关因素，按照规定权限和程序，作出批准与否的决定；基本责任是确保"批准与否的决定"合法、合规，必要时在此基础上努力争取具体辅助措施的合理、合情，促进城市规划依法实施与和谐社会建设有机结合。

当然，在各节点、各层次之间及其内部，经常存在着需要沟通、磋商的事由，必须实事求是地进行应对，妥善协调处理。

2.城市规划实施（选址）管理案例简介

城市规划实施管理的内容广泛丰富，具体情况千差万别、错综复杂。

笔者从事城市规划实施管理具体工作的经历很少，办理的建设项目类型和客观情况都比较简单，最为复杂的建筑规划管理一件也没有直接办理过。现仅以笔者亲历的三个风景区内建设项目的选址规划管理为例，尝试借此反映出城市规划实施管理中的一些基本方法。

（1）甲风景区内某镇中学校园选址

①主要内容和选址管理情况

一个行政区域全部都在风景区范围内的古镇，为了解决当地和外来务工人员子女的就学需要，以镇级财政为主、上级教育资金辅助，在本镇非耕地范围新建一所中学。该中学规划总建筑面积为9万平方米，报审方案为初中部、高中部各一幢教学楼，宿舍楼、办公楼各一幢，食堂建筑一座，建筑和总平面关系完全采用现代的校园和建筑形式。

风景区管理机构认为设计方案的建筑体量太大，现代建筑与周边小镇传统风貌不协调，上下学时间的集中交通对风景区交通产生明显影响，不同意该项目选址。

但现实情况是：除了这个地块，该镇已经没有这种规模的非耕地地块，且规模性占用耕地建设在当地已无可能；如果通过拆迁整合建设用地，校园预算无法承担，拖延、搁置则无法解决甚至会加大当地的就学矛盾，上级的补助经费也要收回。

②规划选址处理措施

选址意见要求，严格按照该风景区规划的规定，校园容积率不超过0.3，建筑不超过3层；除了必要的集中式场地，分别结合宿舍和教学建筑的日照间距合理布局中小型场地，以方便日常使用，控制建筑密度；校园分设主要、辅助、服务三个出入口，避免人流过于集中，且均须避开风景区主要道路；结合中学生和教职员工对场地的不同需要，按照景区建筑特点和园林式风貌，重新设计校园总平面和建筑方案。

③实施成效

按照规划选址意见重新设计的校园总平面和建筑方案顺利通过风景区等有关部门审查，项目得以顺利实施，解决了当地教育事业的迫切需求。按新方案建成的学校被教育界权威人士誉为"全国最美中学校园"。

（2）乙风景区内某山抽水蓄能电站选址

①主要内容和选址管理情况

为了利用地区用电峰谷差调节解决用电紧张问题，拟在湖边山地建设抽水蓄能电站，由外企外资全资建设。因物理势能原理和工程技术对蓄水池与湖面的高差、水平距离等方面的要求，该项目选址在该风景区的某景区内、某山从山顶至湖边之间的坡地。

报审方案中的主要建、构筑物包括：山顶上建设直径300米的正圆形蓄水池一个，山脚下布置长400多米、宽近20米、高8米的矩形厂房一排，湖岸边布置高3米、长近500米的一字形遮挡墙，目的是使湖面游船上游客的游览体验不受厂房形象的影响。项目投资方与当地负责招商、立项的有关管理方已经签署初步协议。

该建设项目的作用与风景区功能无关，设计方案与环境景观冲突。根据国家对风景名胜区管理的相关规定，当地风景区、园林等管理机构都未同意。

②规划选址处理措施

规划团队首先向建设方管理人员和设计电站方案的专业人员学习，了解抽水蓄能电站的相关特点和必需的刚性要求。

抽水蓄能电站利用夜间用电低谷时的余电抽水到山顶蓄水池，在白天用电高峰时放水发电，以调节用电峰谷关系，有利于社会经济实际需求；抽水用电和利用地形高差的势能发电，没有燃料运输和粉尘、废气等排放污染；常态运行时管理人员只有数人，不影响景区的正常交通；电站本体功能与风景旅游无关，但不产生负面影响。厂房在长度方向可以分段，两段之间可以分离数米；宽度方向只需保证行车在厂房长度方向的直线行驶轴线有 2~3 米宽度，各段的前后墙轴线可以自由变化。

报审方案的设计意图过于单一，只考虑满足电站的功能需要，未考虑所处空间环境的功能、风貌协调和特点利用。

规划选址意见要求对原方案作以下修改。

一是按照工程力学要求，保持蓄水池的圆形基本结构，辅以石、土、绿植、小品构筑等设计成类似天池的自然式池边；池中恰当布置小岛、小桥等园林式小品，使蓄水池的形象风貌与周边自然风貌形成整体协调的风景环境景观。

二是将 400 多米长的厂房分成长度不等、间距不等的若干段，适合处以游廊自由衔接，每段建筑物的体量都要与所在环境相适应；在保持必要的行车长向行驶轴线宽度的条件下，各段建筑因地制宜地利用所在坡地，前后参差、高低错落；屋顶、色彩和外墙采用当地传统园林式风貌，使厂房的整体外部形象成为一组山地园林建筑。

三是呼应修改后的厂房，把近 500 米长的遮挡墙拆分为长高不等、前后参差的十几段照壁式独立墙体，墙面采用浮雕形式，每段墙体表述中国水利领域的一个历史故事。

③实施成效

对于按照上述规划选址意见修改后的新方案，风景区、园林等有关机构、部门一致认为，这样的风貌已经是一处景观，可以作为旅游景点，综合功能符合相关管理规定，同意该项目建设。

后因宏观经济形势变化，外企撤资，该项目未开工建设。

（3）丙风景区内某宾馆选址

①主要内容和选址管理情况

有关机构决定在景区内某地段新建一处接待设施，项目总用地面积为 30 公顷，接待设施的总建筑面积为 1.5 万平方米，公共投资全资。丙风景区总体规划中明确该地区可以建旅游设施，容积率不超过 0.1。报审方案中主体为一幢 8 层建筑，相关管理部门都未同意。

②规划选址处理措施

工作团队首先学习该风景区总体规划和有关法规条例、技术规章，现场了解该地块的建筑、交通、植被等具体情况，经与各相关方磋商协调，规划选址意见提出采取以下措施。

项目名称。国家相关技术规范中明确，"旅游设施"包括景观、服务、接待等类设施。选址意见中把原定的"接待设施"限定点明改为"旅游接待设施"，避免产生在风景区中建设内部接待设施的误解。旅游接待设施是社会性的，可以通过经营管理随时灵活承担各种特定接待业务。

容积率。该地块原有大量散布的村民住宅和乡村企业生产用房，正在结合景区和村庄的环境综合整治进行清理拆除。选址意见要求该项工作的责任主体出具正式书面说明（并作为选址意见书的附件），承诺清理工作完成后现有建筑予以保留的面积不超过 1.5 万平方米。这样新建和现有建筑的总面积不超过 3 万平方米，以保证符合容积率不超过 0.1 的规划要求。

出入口。改为三处，分别连接风景区次干道、支路，以分散车流、人流，降低对景观的干扰。

建筑风貌。重新设计，将原方案集中式的一幢楼改为群组式，结合地形、地貌、地物合理散布。建筑以 2 层为主，局部最高 3 层，建筑风格、色彩与周边现有建筑和环境相协调。

能源。利用电、天然气、太阳能等清洁能源，禁止使用煤炭、木材、秸秆等高污染类燃料。

绿植。明确要求设计方案要尽量选择现状植被稀少处安排建筑，现有乔木尽可能保留，纳入建筑群整体设计，二层屋面优先布置屋顶花园，建筑物周边种植高主干类乔木，结合形象设计合理遮盖建筑，项目全部完成后的绿化覆盖率不低于原有水平。

③实施成效

项目按规划选址意见要求重新设计，通过审查，建设完成。

建筑群整体景观形象、周边环境风貌协调、功能运行使用方便、社会影响等各个方面的效果良好。

④反思

城市规划实施管理的宗旨是服务人民、服务城市、服务发展；应当积极地开动脑筋，办成事、办好事，不应消极、机械地照章办事、对号入座。依法行政是必循渠道、必守规矩，是规划实施管理的主要工具和不可违反的基本原则，但不应把简单教条的做法等同于依法行政的正确方法。

我国当前发展阶段的经济社会特点和规划行政立法，尤其是城市规划制定的成果，都还没有达到城市规划实施管理只需要"对号入座"就能够科学合理地解决问题的详细和完善程度；技术规章、规范也只能明确普遍性规律和一般技术规则，不可能覆盖所有规划实施建设的具体情况。城市规划实施管理需要根据任务的具体情况和需要，统筹协调各方关切，在依法行政的框架内，充分合理利用技术方法，引导、促进发展目标的实现。

一个项目能否在一个具体地块建设，取决于项目的功能、规模、交通，也可能涉及容积率、高度、体量、建筑风格、色彩或其他要素。这些要素中有否决性的和辅助性的，其具体要求和范围、区间有刚性的和弹性的，在选址、用地、建筑等各管理层次中需要分别予以明确，作为批准的前提和重要依据。其中对否决性和刚性条件，明确提出的工作节点位置一般适合前移，就好像"此路不通"的指示牌应当立在路口，而不是走到中间甚至尽头才能看到。如果走到中间甚至尽头才告知，发现此路不通，因为前期的时间成本、办事成本和心理预期的惯性等因素，很可能会诱发"翻栏杆""爬墙头""钻墙洞"等影响依法行政和管理运行效率的不良现象。

以上仅为选址规划管理案例，一般不涉及或较少涉及各种不同利益之间的直接矛盾协调，因此相对简单。用地的规划管理涉及以经济为主的各种利益，当前已经形成了比较稳定的如竞拍等制度，出具竞拍地块的规划条件成为用地规划管理的关键；近年刚兴起的城市更新也成为用地规划管理的新领域、新课题，需要在实践中探索，建立、完善管理制度。建设工程的规划管理所涉及的要素、因素更加复杂，对其的认识和思考见本书相关内容和第四部分中的"关于建筑规划管理的困惑"。

四、城市规划法制与法治

法制指制度的建设，法治指制度的执行。

1. 城市规划制度建设

城市规划覆盖领域广，相关制度也非常多。就城市规划自身制度的内涵而言，主要有法律、行政、技术三大类。其中，法律类、技术类主要阐明城市规划的各种依据及其来源，行政类主要确定城市规划的具体工作内容及其操作规则。因为城市规划是法律、行政和技术的共同产物，所以各类制度的具体内容中常有其他类别制度内容的融合。

不同类别制度各有自身特点和具体要求，但作为制度，一些原则要求是共同的。针对层次多、类型复杂的特点，城市规划制度建设的共同要点可以简化归纳为"二性四关系"：各项制度之间的本级系统性、上下层次性；一项制度自身的专门与统筹、一般与特殊、刚性与弹性、正向与反向四个关系。

（1）制度体系的系统性、层次性

①系统性

系统性指本级制度体系的系统性。

本级制度多由同一个法人主体制定或主要牵头制定。从方便操作的角度，一般宜首先根据本级管理规定职责的全部内容，结合管理组织的架构特点，以分类为重点进行制度框架设计。在各类别下分列具体制度，形成本地制度体系的二级系统。

应以条线系统进行制度分类，一般不宜以"块"进行制度分类，以利于保证体系的统一、简明、协调。某些功能特别、要求特殊的如古城、集中工业区、风景区等地域，名称形式上可以是"块"，其本质仍然应该是"条"。因此这类"块"的制度只需要针对性地抓住保护、工业、风景等特殊问题而明确相应内容，如果内容追求独立全面，与其他制度的关系就难免重复甚至冲突。从本身表述相对完整和方便操作的角度，制度也可以适度重复，但必须避免冲突。

同类型而相关政策不同的地域是"块"。一般根据特殊政策的要求、地域规模的大小及其与城市的空间关系等，单独建立制度体系或者在统一制度体系中单独设类。典型的如享受特殊政策的各级、各类开发区的管理制度。

注重系统性，应加强制度体系的整体设计，不宜随机随心、逢题立制，还应坚持系统整体统筹协调，力争制度之间减少重复，避免交叉，杜绝系统内自相矛盾。总体而言，制度系统的覆盖面以全面、完整为好，具体制度的数量及其内涵以少而精为上，有利于体现平等、公平的原则，有利于制度的执行操作。

为某地、某事制定的专项制度通常需要有别于对其他地区和事项的规定，但不应违反制度整体系统的依据；如果必须创新、试验，则应具有相应的权威依据，并首先作为试行办法，经实践检验为正确、适用的，再通过规定程序成为正式制度。

②层次性

层次性指上下级相同制度之间，以及同类制度的具体内容之间的层次性。

上下各级都有本级的职责范围和具体的工作内容与特点，因此要重视不同层级的责任区分，对应于责任分层，明确制度在不同层次的具体程度。上层次重在全部地域范围的指导原则和刚性规定，下层次重在细化落实指导原则和因地制宜的操作规定，如果相互错位、缺位，很容易产生不适用或不管用的结果。

　　法律、行政类制度主要针对人的行为——怎么做事，制度建立工作的管理专业、程序规范，责任比较明确，标准比较一致，层次性好。

　　技术类制度主要针对规划事务——事怎么做，城市规划事务包括了多种多样的客观要素，同一级制度的执行范围内包含了若干个下级，而每个下级所面临的客观要素、客观情况都有不同，甚至可能有很大的区别。

　　技术有科学性的刚性标准，必须共同遵守，而观念性的合理弹性范围就是创新的空间。技术性制度应当确定其执行的全部地域范围内的共同刚性原则，明确分区、分类的刚性准则；不宜层级不明、职责不清地求全追细，对本应属于弹性范围的内容，甚至对本应属于其他专业领域、下级层次的内容进行过于具体的规定，很可能衍生出妨碍落实、阻碍创新的副作用。

　　规则过细、标准一律的技术制度还可能导致"千城一面"的标配式效果，甚至妨碍城市规划的合理实施和科学管理；如若不然，就是制度本身的执行有可能打折扣了。

　　（2）一项技术制度的"四个关系"

　　①专门与统筹的关系

　　每项制度都有规定的应用范围，也常有影响因素、相关因素，其中地域范围、领域范围比较明确，而此外的影响和相关因素有较大的不定性。例如，规划建筑红线退道路红线距离，多从地面的步行、景观等需要考虑，而一些地段的地下管线密集，布置行道树都受局限；允许沿街破墙开店，能够方便兴办小微企业，但影响到沿街的功能布局、道路交通运输等诸多方面，开办建筑材料类的商店还往往因载重超过原设计标准而损坏房屋的基础结构；住宅的厨、卫等房间的排水类设施基本都安排在北侧，对洗衣机安装在南阳台不进行限制或者另设污水管，洗衣污水就会管理失序。

　　诸如此类的相关影响普遍存在，因此建立制度在针对专门目标的基础上还需要加强逻辑分析，妥善统筹相关影响因素。

②一般与特殊的关系

因为城市客观要素、因素的多样性、复杂性，城市规划技术制度的具体内容基本都是针对普遍性的一般表述，同时根据需要对特殊性情况单独表述。

对特殊性情况的单独表述通常采用两种方式：具体表述和渠道表述。具体表述就是一般表述的分类，其规定的内涵有区别，常用于较宜明确限定的特殊情况。渠道表述的对象多具有较高的复杂性、重要性、不定性，因此其合理、可行的答案相应也存在多样性，需要通过专题、具体研究等渠道一事一议，而无法以具体制度形式预先确定。

制度的目的是普遍规范而不是特殊规范，因此应在正确区别特殊与特色、特殊与创新的基础上，尽可能减少特殊性的内容，并对属于"特殊性"的内容、范围、程度等进行认定、界定。还有一种情况值得关注，某些问题是因为"一般性"的规定过多、过细而成为"特殊性"的，此时如对"一般性"进行合理简化，"特殊性"自然就不存在了。

③刚性与弹性的关系

制度的本质要求是刚性，刚性的内容和程度决定制度的意义，刚性的内容必要性和程度可行性决定制度的作用。城市规划制度的刚性要素一般都属于工程技术类，包括城市安全、卫生健康（如日照间距）、市政设施系统等要求，以人民群众的需求为出发点，以适应当地、当时的生活、生产的基本要求为最低标准。

例如容积率的确定，其本质是确定人的聚集密度、交通物流强度、市政设施需求等相关功能的系统性协调匹配，而不是为了建筑物的高低疏密等景观，相同的容积率可以有无数个景观方案；也不是主要为了确定用地的经济性，当然，因为交通市政设施建设运行等成本，容积率与用地的经济性有非常直接的重要关联。

制度的刚性要求应当内容正确、有用，程度可行、管用，表述简明、好用。主要基于美学观念的内容，多因时代潮流、专业角度或个人偏好而弹性范围很大甚至观点相左，常喜主观导向，难有对错界限。

因此，除了用于在美学方面有特定、较高要求的地段和建构筑物以外，这类内容一般不宜列为刚性要求。

南京大学的"南京城市空间形态及其塑造控制研究"[①] 和后续相关专题研究，全面梳理了国家、省和市三级的相关法律法规体系，共涉及 119 个文件，共 6063 条，其中有 2724 条（占 44.9%）都对城市物质形态具有直接或间接的影响。根据影响的程度和效能将这 2724 个条文再分为四类：直接相关的强制性规定、直接相关的引导性规定、间接相关的强制性规定、间接相关的引导性规定，其占比分别为 18.1%、20.1%、27.2%、34.6%。

研究证明，直接相关的强制性规定占比最小，但对城市形态的构形起到主导作用。在直接相关的强制性规定内容中，以涉及城市安全类、市政类、健康类（如日照小时数）指标为主，也就是说，城市形态主要是由这几类指标管控而构成的。在管控城市空间形态方面也有大量相关条文，其中大部分是直接或间接的引导性类别，但在实际案例中控制效果并不明显，说明以建构空间美学秩序为导向的内容很难起到管控作用。起不到作用则可以少说、不说。

为了提高普遍适用性，城市规划制度也需要一定的弹性，包括管控程度的弹性和管控内容的弹性。

管控程度的弹性是为了适应同类客观情况的多样性，一般以设定标准的区间来表达。用数字形式表达区间的弹性也是一种刚性，是方便执行的；以文字形式表达区间的弹性，适用范围广，但理解易有差异。

例如，对违法建设采取改正措施消除其对规划实施的影响，可分为"尚可改正""无法改正"两种情况，分别对应限期改正并处罚款、拆除或没收的处罚措施。在实施中对同一个违法建设消除违法的影响是"尚可改正"还是"无法改正"的社会争议屡见不鲜，甚至在法律审理等司法程序中也常见观点分歧。

---

① 高彩霞，丁沃沃. 城市街廓形态与城市法规 [M]. 北京：中国建筑工业出版社，2022.

管控内容的弹性是为了在同一项制度中适应客观情况的多类型。例如平原、水乡、山地等不同地形地貌，热带、温带、寒带等不同气候特点，制造、商贸、文旅等不同主导产业门类，民族和地区的不同习俗等，都对制度弹性内容的设定有直接影响。

④正向与反向的关系

城市规划制度一般都是正向表述，明确哪些可以、如何可以。正向表述的好处是方便管理，按照设定的范围和规则执行就可以。其不足主要有两点：一是对制度设计的全面性、可行性要求高，二是有可能对创新产生限制。

反向表述就是只明确哪些不可以，除此以外都行，典型的就是项目立项审批的"负面清单制度"。城市规划实施管理制度中也可以有类似的反向表述，例如对完全符合规划的、不符合弹性的、违反刚性的，分类明确管理的具体内容和程序。反向表述的核心理念就是抓住关键、重点，一般的放开、放活，鼓励、利用多种积极性，采取这种表述方式首先需要对什么是"关键""重点"作出准确判断，包括对技术标准、社会秩序和管理能力等相关方面的影响作用有足够的了解和正确的判断。

2. 城市规划制度执行

城市规划制度体系内容丰富，制度的执行总体上也可以分为编制执行、实施执行和查处执行三个板块。不同板块的制度执行各有特点、要点。其中，查处执行是制度执行的最后保障，对违法用地、违法建设的查处执行又是矛盾最为集中、社会影响最大的部分。现以对违法用地、违法建设的查处执行为例，探讨其四个要点。

（1）执行的基本原则

"有法必依，执法必严"是法治的基本工作原则，城市规划的"两违"查处工作也不例外。其中，"依"是具体的客观性"依据"，不是原则的主观性"依靠"；"严"是依法态度的"严肃""严格"，不是处罚程度的"严重""严苛"。

法律法规协调是城市规划法治的基本依据原则。城市规划的"两违"很可能同时与其他法律法规相关，例如，违法用地与土地管理的法律法规相关，违法建设很可能涉及交通、市政、市容、文物、景观等诸多法律法规。鉴于法制建设的客观情况，诸多相关的法律法规有可能存在着相同、差异甚至矛盾的规定，这就产生了相关法律法规之间相互协调的必要。有关法律法规对于同一种违法行为，规定相同的不应重复处罚，有差异的应商定具体标准或者执行高位法规定，相互矛盾的必须求助于具有相应权威的法律解释或修订。

"公开、公正、公平"是法治的基本目标原则，城市规划法治也应遵守。其中，"公开"是程序、形式，符合相关保密规定的内容都应采用公示、公布、公告或公众可查询等方式予以公开，以广泛征询意见、方便公众监督、形成共同意志。"公正"应以相关的法定内容或相关方共同约定遵守的合理规定为依据，符合法定、规定就是"公正"，反之则不公正。"公平"可分两种，一种是"公正"即"公平"，属于法理的公平；另一种是对弱势一方的合理照顾，属于情理的公平。情理公平可以作为法理公平的辅助措施，以促进社会和谐；但不应作为公平执法本身的考量因素，否则会妨碍执法的公平性和严肃性。

（2）执行的辅助策略

为了更有效率地依法行政，减少、降低查处执行的阻力和副作用，有时也需要针对不同情况采用一些辅助措施。辅助是补充性的，不是基本性的；措施是策略性的，不是目标性的。

通常采用的辅助策略，例如合理、恰当地引导公众舆论，能够形成依法实施城市规划的良好社会基础和常态性氛围。执行过程中，在一定条件下，也可以适当借助于公众舆论，形成对违法行为的社会压力，产生依法建设的教育作用。引导公众舆论的关键在于"恰当"，包括事件恰当、理由恰当、场合恰当、时机恰当、形式恰当、程度恰当等，必须审慎决定、谨慎进行，避免弄巧成拙、激化矛盾。

在特定条件下可以适当采用情理性的辅助策略，以利于化解矛盾、降低执法阻力、促进和谐社会建设。例如，一处本应拆除的违法建设，拆除了会给违法者带来难以承受的经济损失或生活、生产影响，但是如果不拆，就会产生对这种违法行为起到鼓励和滋长作用的乱法影响，不符合"执法必严"的基本原则。坚持法理公平，兼顾情理公平，综合考虑两种公平性，商讨明确"难以承受"的具体定义，可以在依法拆除违法建设的前提下，按照违法必有损的底线标准，通过合适的渠道和方式，采取予以适当程度救助的情理性措施，套用古代的一个名词，叫作"法外施恩"，既坚持依法行政，也适当兼顾情理，以促进社会和谐。

（3）执行的关键节点

查处执行的关键节点一般有三处：预防、发现、处理。

①预防

"上工不治已病治未病"[①]，努力防患于未然，是主动性的防范。在这个环节增加工作量，总体工作量不一定增加，反而很可能减少，从社会成本角度看总体效果肯定更好。预防的类别可以分为制度预防、建设工程部位预防、建设时机预防。

针对性制度预防应作为基本预防措施，主要包括申报内容及相关程序，采用方便公众监督、能够有效控制的方式公示必要的内容，根据具体建设项目的办理过程情况，预测是否明显存在可能的违法隐患等，对有助于及时发现、制约违法行为发生的节点以制度进行规范，为减少和尽早发现违法行为打好制度基础。

违法建设都是在建设过程中具体形成的，而可能发生违法行为的建设工程部位一般都有基本规律可循，确定工程部位的建设时机也就可以大致明晰预防时机。以下两种做法可以参考。

首先通过梳理分析以往案例对违法建设的特点进行分类，如增加

---

① 见《黄帝内经》。

容积率类、改变功能类、改变外观类、未批先建类等，找出易发生、影响大、难处理的类别和程度范围，作为关注重点。

接着应分析"关注重点"，如违法建设的常发工程部位等。例如，增加容积率必然需要扩大底面积或增加楼层，建筑物高度的增加也必须增加楼层高度或层数，找准违法建设的工程部位特点，就可以通过重点监控其建设时机进行预防。因此，主动利用特定的建设工程部位及其相应的建设时机，先期预防违法建设的发生是可以做到的。

②发现

力争制止于萌芽，尽早发现、及时制止，尽量减少损失，降低处理难度。借助城市规划实施的现场公示，倡导依法实施的社会公德，鼓励反对违法的社会文明。

常规采用的现场挂牌公示制度，将规划批准的相关内容和批准证明在现场周边公之于众，比较适用于对楼层数量、外形关系的社会监督。而根据市容管理要求，面对数量大、分布广的建设围挡施工，如何能够及时发现违法建设，需要认真研究有效办法。

专业性监督应当结合有城市规划控制性作用的建设工程部位，选择其放样、立模等施工过程，设置规划监督节点；合理利用延伸预防机制是违法建设尽早发现的重要途径。

③处理

应当保证违法必究、违法必亏。对于违法建设的处理标准，现行规划法律有明确的原则和范围，具体处罚的方法和程度则因处罚案件的具体情况而有所不同，其中"并处"的规定体现了"违法必亏"的法理原则。

"处理"毫无疑问必须依法。违法必究，"乡愿，德之贼也"[①]，不究就是对违法的放纵和鼓励、对守法的嘲讽和打击；违法必亏，杜绝因违法成本降低而使违法行为获利。违法行为一旦能够获利，客观

---

① 见《论语·阳货》。

上就起到了纵容、鼓励违法建设行为的效果，还很可能产生不良的攀比效应。恰当的情理性辅助措施可以酌情用于依法处理的善后，但不应作为依法处理的组成部分。

（4）执行的目标内涵

明确城市规划违法查处执行的目标内涵，有助于正确树立执行工作的荣誉感，加强责任心。查处执行是城市健康有序运行的卫士，是维护社会公正、公平的道岔，是城市规划依法行政的最后保障——此前所有的努力、辛劳、智慧，得失成败很可能就在这最后的坚守。

对"两违"的宽容就是对公共利益、公众利益、合法权益的侵害，处置失当就不能把准查处目标效果的正确方向。"政策和策略是党的生命"①，正确的处理标准政策和适宜的操作策略是城市规划违法查处执行的核心内涵，包括依法执法、文明执法、综合执法、法外协助等多方面的协调统筹，总体目标仍然应是"违法必亏""违法必究"。

---

① 见毛泽东《目前形势和我们的任务》，1947年。

第三部分　漫步思索
——城市规划的基本特点及其启示

　　《马丘比丘宪章》提出"规划的专业和技术必须应用于各级人类居住点"，这是就"专业和技术"的整体和"居住点"的全部，原则、概要而言。在实际应用中，区域与城市、地块，在空间尺度、系统结构、主要功能作用等方面都有很大不同，其特点和各自适用的专业、技术、方法也必然存在相应的区别。现以城市总体规划为主要对象，在形态空间方面，主要从详细规划角度，分析、探讨城市规划的基本特点。

　　作为人类文明的主要汇集、积聚场所，城市这个巨系统几乎无所不包，主要以城市为研究对象、工作对象的城市规划也只能随其所广、应其所博、供其所需。众所周知，城市规划具有系统性、综合性、复杂性，众所周知，但到底是怎样的系统，怎么考虑综合、复杂的方面和程度不同的影响等，如果要比较清楚地认识这些问题，可以从分析、探讨城市规划的一些基本特点开始。

一、对城市规划的要素和产品的认识

1. 城市规划的要素

　　城市规划的要素众多，总体而言可以分为两大类，包括城市的相关要素和城市规划自身的特定要素。此外，当然也是最为重要的，"人"是城市规划的特别要素。

城市的相关要素。城市包罗万象，与城市规划相关的要素可以分为：物质类——物体（建筑物、道路桥梁）、线网设施、绿化等；非物质类——指定主体的功能、文化、品质、空间、环境等。以上两大类要素通常也可以按功能性质分为生活、生产、生态三类，广义的生态还可以包括环境生态、人文生态、社会生态等。

城市规划自身的特定要素，指城市规划专业技术系统自身的各项组成要素。

城市相关要素是城市规划的工作对象，城市规划自身的特定要素是为城市服务的工具和方法、手段，"人"是城市规划服务的本质对象，特定的"人"也是城市规划赖以提供服务的根本资源。所有要素都有各种层次、不同的系统和社会分工角色，就像庞大的生产流水线、高等动物的复杂生命体，每个组成部分都有其作用、位置和空间。

考察古今中外的城市发展和规划演变历程，城市规划具体要素范围的确定一般有以下三个主要渠道。

社会需求渠道——集聚生活、生产的发展和治理的需要；

科技规律渠道——城市规划专业技术的有效应对；

相关权力（包括政治、经济等）渠道——决策、执行、施行。

其中，社会需求的要素是基础性、本质性的，决定了城市规划领域的基本面；专业科技要素是推进性、保障性的，同时具有较强的选择性；政治经济决策要素一般对城市规划领域范围起到决定性作用。当然，决策应当呼应社会需求、遵循客观规律。

此外，要素的成形过程（例如建构筑物的设计、施工阶段）、形成代价（主要考虑公共财政、公共利益方面）、功能关系和权益影响（利害关系各相关方）等，都是城市构成的重要因素。要素是主体已有的条件，因素是主体的形成条件，城市空间载体是由要素和因素共同构成的，因此城市规划不但要考虑相关要素，同样需要考虑相关因素。由于"因素"比"要素"更加多样、多关联和隐性，因此对"因素"的考量筹划常常成为城市规划的关键工作，需要专门的具体应对。

在要素产生的渠道中，无论是社会需求、科学技术还是权力意志，三个渠道中的渠水本身都处于不断的动态演变、变化之中，有时甚至发生突变，因此具体要素的范围也随之相应变化。生产和科学技术不断发展，生活逐渐富裕，社会治理分工细化和水平不断提升，城市规划的要素总体上就可能随之不断增加；反之则可能减少。20世纪60年代初的"三年不搞城市规划"就是未远的例证。

2. 城市规划的产品——城市空间

任何行业都有自己的主要产品。城市规划的主要产品就是城市空间。其组成内涵可以分为三种：第一种是城市用地的功能关系组织；第二种是各类城市空间载体，包括这些空间的围合要素；还有一种是维持、保障城市运行的各类网络。如果以人体作为类比，用地功能关系组织即是大脑，是中枢根本；各类虚实空间载体即是躯干、四肢等肉体；各类网络即是经脉、血管。按照城市规划的专业技术特点，简单划分之为用地、建筑、交通市政，共同构成整体城市空间。

具体的城市空间，由物体（各类建、构筑物）、场所（各类室外公共空间）、交通市政（各类路网、线网），以及绿化等物质要素和文化类非物质要素组成，并通过功能、质量、品质等衡量、评价和利用这些要素及其组成。从城市规划空间技术的角度，城市空间通常可以大致分为三种要素。

平面要素，主要解决功能、组织（包括联系、强度、密度等关系）、产权等基本问题，并成为决定立体——空间的资源配置的根本依据。平面功能要素之间一般具有明确的逻辑关系。

立体要素，主要筹划景观、环境、秩序等可视问题，同时也影响平面组织——空间的性质、构成、需求和运行。立体要素由于可视性强，往往成为关注重点，但对其过分侧重也易导致思维的表层性倾向。

对于平面要素和立体要素，城市规划的对象是以地块和立体为单位，解决单位的边际和相关关系问题，单位内部的问题在不影响与城市公共关系的情况下，一般不属于城市规划问题。

时间要素，主要体现为对发展的进程、实施的时序及其策略等安排，体现为特定文化的演进和积淀，同时也表现出现状的自然演变，体现为对现状的维护、继承和更新。

因此，城市空间是动态平衡的四维载体，而载体的关键在于平面——土地利用。对于城市规划任务，平面是功能根本，立体定形态框架，时间需要前后贯穿。

3. 城市空间的产品共性内涵

产品都有服务对象，都要满足服务对象的需求。不同于工业化、标准化产品，城市空间的形式多种多样，追求各具特色，但作为产品也具有一些共性内涵。

功能内涵方面，需要满足经济、社会、环境协调发展的要求；品质内涵方面，需要符合工程科学规律、技术规则和艺术、人文等方面的认知或习惯。凡是产品，基本上都有功能内涵、品质内涵，只是相对于绝大多数产品，城市空间的这两个内涵覆盖面很宽、涉及不同特性、不同规则的科学领域很多。

此外，城市空间还有些一般产品不具备的内涵特点，主要有以下三个方面。

利益内涵方面，作为公共产品，城市空间不仅属于社会公益，同时还直接涉及团体（单位、群体）利益、私人权益。公共产品的基本特点是具有非竞争性、非排他性，而同一处空间只能有一个法定利益主体（包括公有、共有、私有），因此具有明确的排他性，从而导致某些很明显的竞争性。

影响内涵方面，具体城市空间既有一般产品所具有的本身（物体、设施、场所等）的独立影响，同时也对周边、远端甚至异地产生系统性影响，大如公共设施、交通枢纽，小到一块绿地、一幢住宅。其本身影响力的大小决定"周边"和"异地"的范围。

实现内涵方面，不同于其他产品，城市空间的规划有点类似于期货，是一种预期目标。主观方面需要趋势预测、安排的科学性和付诸实施、兑现的能力，当然也离不开规划意图的稳定性；客观方面的市场因素等不可预测的变化，对规划目标的实现都非常重要。规划实现不了就不能成为产品，而只能称为作品。

城市空间的这些特点意味着，对某些关联性强的具体对象（包括地块、建设项目），除了考虑对象自身的当地、当时、定性、定量等规划目标以外，从城市整体的系统角度，还需要关注对其他方面产生的影响和客观的可能效果。类比佛学中对人的第八识——"异熟识"的解释，城市空间的规划需要考虑有可能产生的四异影响：异形出现——弹性问题，造型、品质等及其之间的变化关系；异量体现——兼容问题，功能、体量等不同作用；异地显现——系统问题，系统内的作用和对系统外的影响；异时实现——过程和全局问题，如初创期、成长期、成熟期的作用。

由此可见，城市规划存在着全局性、系统性、局部性的鲜明层次，不同层次之间的事实、道理各有相应的评价标准。就好像院子里看到的花坛，阳台上看到的邻居，高楼顶上看到的第五立面，都是客观存在，只是各自的关注和视野不同而已。

城市是由多要素（物质、非物质，自然、社会等）、多层次（空间主体尺度、职责主体层级等）、多角度（利益主体、责任主体、认识主体等），按照一定的规律和规则，关联融合而成的一个复杂综合体，不能手脚乱动、双手互搏，必须有统筹协调的权威综合决策，才能保障城市的健康运行、公正和谐地发展。好的城市规划就是这样的综合决策。

4. 具体城市空间之间的相关关系

城市是由若干具体城市空间组成的。根据上述分析，对具体城市空间之间的相关关系一般宜考虑以下五点。

主体性。具体城市空间资源的范围需要明确，都有受益人或业主，共有则有比例，公有则有代表；应当科学分析、正确判别，才有可能做到城市空间资源的合理、公平、公正配置。如果范围不明确，连受益方有谁、谁有什么收益或影响都不清楚，合理、公平、公正就缺乏基本依据，规划实施就难以顺畅。主体性在旧城改造、城市更新、历史文化保护等新旧交织的情况中尤其需要仔细分析、清晰认定。

排他性。城市空间没有弹性，给了甲就不能同时也给乙（共有条件下是一个空间主体的共有组成方），安排了这项就不能再安排其他（兼容属于机会共有），每次重新安排都需要相应的成本付出。因此对每块地、每处城市空间，都应当认识、评估其存在价值，以利于物尽其用，促进城市集约发展。

相生性。城市是一个有机整体，众多功能间常存在相生相尅关系。相尅关系就是相互制约，如环境影响问题，时至今日已经得到行业和社会的普遍重视；市场无序竞争也是常有的相尅关系。相生关系就是相互依存，如学校、医院与住户，商业与消费的层次、客流，公交线路、站点与中小户型住房等。众多相互依存的关系本质在城市规划中主要是表现为交通作用，老百姓的通俗说法就是"方便"，都是通过交通省时、减量来方便生活、就业，促进消费，从而合理提升城市空间的有关价值和效率，这个特性充分体现了城市交通对于城市规划的重要性和不可分割性。市场行为主体的本性对相生关系自然重视，近年来城市规划中的"生活圈"概念也是利用相生关系的体现；而相尅关系基本都需要城市规划的针对性调节、调控。

影响性。"作用"本身是目的性的，"影响"指派生出的作用，有时也可能是副作用。例如，一所好学校能使某些住宅身价倍增；反之，一处邻避设施则很可能使得某些房屋贬值。关注"影响性"的目的是合理利用派生作用，减免副作用。影响有功能、程度等不同，其中利弊性影响，尤其经济和环境方面的利弊影响是最需要重视的。对利弊性影响宜关注两强两弱现象，即业主强、公益弱，避害强、析利弱。典型的如公共财政投资的文教卫体等公益性设施，其派生影响往往是通过设施周边的房地产价格变化才得以明晰，影响的客观效果就是公共财政的投入无意识地促进了一部分人的财富无付出增长。城市规划需要预先筹划，才能促进公共财政作用和影响的公平性。

系统性。城市是一个巨系统，由多种不同层级的分系统、子系统共同有机组成，系统内紧密关联，系统之间也往往相互作用。例如一幢公共建筑，系统内有同类建筑的服务半径、功能竞争、布点协调等关系；系统外有该建筑产生的职住布局关系、交通方式（地面公交、轨道、小汽车、非机动交通等）组织和不同方式的流量需求，电压、电量需求，水压、水量需求等。系统内的合理性和系统之间的可行性、协调性需要同时统筹兼顾，正所谓"一枝动，百枝摇"。

5. 城市空间相关关系的要求

由于上述关系特点，城市空间的具体构建需要考虑主体的权益和责任、局部和总体的效益、系统和全局的协调。

明确必要的、主要的权益和责任，特别是对专属于具体业主的部分宜具体确定。对权益和责任（通常包括所有权、使用权、环境责任、公益责任等）的分析，应作为修建性详细规划的基础组成部分，为规划实施提供切实可靠、方便操作的条件。

局部效益合理化，总体效益最大化。一般可从经济、环境、运行效率三个角度单独考量、叠加协调，并应在分清效益公、私归属的基础上进行协调。"协调"中往往包括了政府、业主、利弊相关方和有关专业领域等各方责任，事关公益的利弊相关方也包括相关公众。

协调，是城市规划的制定和实施全过程中都有可能需要的，宜考虑三个合理：一是合理组织，分别考虑局部、系统或整体的需要，选择纳入协调的内容，并梳理、分类（如刚性、弹性类，否决、程度类，置换、替代类）、排序；二是合理谋划，争取功能、景观、人文等方面的兼善兼美；三是合理调控，明确达成规划目标的范围、底线以及必要的补偿、救助措施等。

6. 城市空间相关关系的应对

为了满足城市空间相关关系对主体、效益和协调的要求，城市规划的对应、对策就需要重视以下特性。

一是技术适配性。采用技术方法应当与规划任务相适配，主要通过两个渠道予以保障。首先通过规划层次保障，依据宏观（重点是区域结构）、中观（重点是城市布局）、微观（重点是城市空间）的不同特点划分层次，分别明确适宜于各个层次的规划任务和具体目标。第二以专业对应保障，"工欲善其事必先利其器"①，按照不同层次、不同系统的各自领域，分别采用各自相宜的工具和方法，通过分工协作组织，形成既能够职责分明又利于发挥各自优势，上下连贯、横向协调的城市规划技术体系。在发展要求领域宽广、技术分工高度发达的今天，城市规划的系列任务已远不是某一个学科、专业可以包揽胜任。

二是参与公共性。城市空间总体上属于公共产品，服务对象是人，具体使用者、附近居民、广大市民都程度不等地与之相关，合规、适时、有序的公众参与是行使和保护公众合法权益的两全其美之策，是民主制度现代文明的组成部分。通过方式恰当的公众参与，还能集思广益，有利于完善产品质量和提高水平。同时，应当始终坚守专业、职业的自身责任，简单化的少数服从多数不应是城市规划的法则。

公众参与的目的在于公众合法行使权力、保护自身利益，行使合法权力、表达个人意见，而并没有完善、提高的专业责任。参与公共性是城市规划必要渠道的辅助组成部分，不应以公共参与为由而降低甚至取代城市规划工作者的专业责任感、职业荣誉感！

三是规划可行性。城市规划要素多样、关系复杂，如规划目标、

---

① 见《论语·卫灵公》。

经济技术、实施路径和策略等多方面的可行性，特别是其中包含的社会性、艺术性、排他性等特点，使得规划方案必然存在多样性。只有可行的方案才能够最终形成城市规划的目标空间产品，不可行或者可行性差的只是方案而已，可用于借鉴、开拓思路、完善产品。

衡量规划的可行性宜考虑刚性客观条件，如经济力量、技术水平、性价比等，对应于具体规划的落实能力、管理能力、决策意志，也与可行性的评价、选择以及变化紧密相关。

四是决策综合性。城市的社会性决定了：城市规划是一种决策，否则就不能形成统一意志，任何规划方案、文本、图纸，未经有效决策都只是阶段性成果；城市规划是综合决策，不是经济、技术或环境等单项决策，一票否决也不是单项决策，而是突出关键的综合决策；城市规划是公共政策，相关技术政策是其组成部分。

城市规划内容庞杂，客观存在多个技术层次，需要正确认识、科学划定决策的技术层次，按照不同层次的特点及其有效性，确定层次的具体范围和内容，对应层次明确的决策的任务和责任、决策的程序和节点，以保证决策成果的科学性。

五是效果公正性。依法行政是城市规划公正性的制度保障，主要在实施阶段体现；"以人民为中心"的价值观是城市规划公正性的理念保障，需要在城市规划制定和实施的全过程中落实。

在城市规划中落实"以人民为中心"的价值观，首先必须支持、促进经济社会环境的全面协调可持续发展，即先做蛋糕、再分蛋糕。在此基础上实现城市规划效果的公正性，一要做到均好性，并妥善处理"均好性"与"标志性"的关系；二要重视维护弱势群体利益，特别是在配置基本公共服务设施、人居环境、城市公共空间等城市规划的直接责任范围，要守住城市底线、缩小社会差距、协调均衡发展；三要以空间资源配置为基本手段，重点关注选址布局、相关配套、容积率等，采取合规、合理、可行的方法，维护相关方的经济、环境等合法权益。

　　按照上述分析，图 3-1 表述了城市与城市规划的基本关系，其中的省略号代表了丰富性、发展性，对城市规划需要重点思考、筹划解决的内容以虚线框标示。

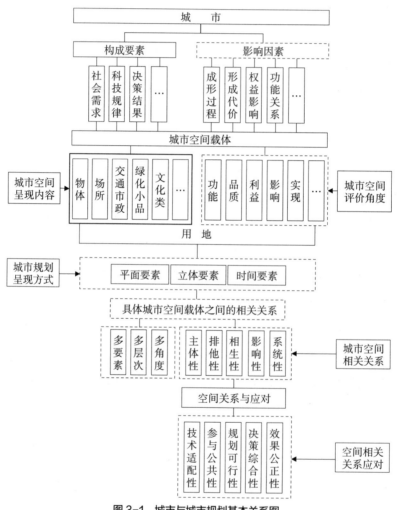

图 3-1　城市与城市规划基本关系图

二、城市规划的基本特点——成果方面

　　城市规划的要素构成纷繁、载体关联复杂，审视角度多样；从对

规划成果的审视、评价角度，编制成果和实施成果有以下几个共同的基本特点。

1. 目标特点——理想性、逻辑性、可行性三性统一

这个特点着重体现在规划编制成果上，规划实施成果的目标特点重在建筑工程设计和规划制定成果的协调。任何规划都是对于未来的理想，其编制成果的科学合理和切实可行，取决于方向目标的正确、具体目标的恰当，以及理想的眼界、选择的胸怀与实现能力的协调。

理想需要与之相应的实施路径，理想和路径之间的逻辑不通就可能南辕北辙、望洋兴叹；理想需要切实可行的措施才有可能实现，否则只是可望而不可即的空想，只能是"纸上画画，墙上挂挂"。因此，逻辑和可行是理想目标不可或缺的支撑；因为城市规划编制成果应当具有的技术层次性，同时也要求逻辑和可行的层次与理想的目标层次在技术深度方面保持一致。

2. 产品特点——当代生活性

这个特点最终体现在规划实施成果上，规划制定成果是阶段目标。城市规划产品——城市家园、城市空间，始终是为当代人服务的，千里之行始于足下，百年大计始于今年，保护历史文化也应当立足于古为今用。规划当然应当具有长远的眼光和考虑，但肯定必须从近期开始，好的开始是成功的一半。

两千年前维特鲁威在《建筑十书》中就提出了"适用、坚固、美观"的建造三原则。新中国成立初期根据当时的经济状况把"适用、经济、美观"作为民用建筑的建设指导方针；2016 年又增加了两个字，确定了"适用、经济、绿色、美观"[①]的建筑方针。"建筑安全"则作为

---

① 见《中共中央国务院关于进一步加强城市规划建设管理工作的若干意见》，2016 年。

专项突出单列。

由此可见，古今中外的规划建设原则都把适用（功能性）、即当代生活生产的适用性放在首要位置，其次是经济、安全（工程性），随着科学、文明的进步，绿色等时代需求成为原则；美观（文化性）一直也是人类的追求，但都是在满足其他原则的前提下进行努力。"形式服从于功能"，在适用要求强、实现成本高的城市规划领域尤其应该如此。

3. 评价特点——社会性

城市规划构成的多角度特点自然带来评价的多样性，编制、决策、管理、投资、建设、欣赏等活动中，各种相关者都有自己的岗位责任、现实利益或某种偏好。一旦形成城市空间这个公共产品，使用者和社会公众都有表达感受的权利。

多样性的评价是城市规划必然会面临的，除了具体利益的角度，评价有社会性、个别性、专业性等多种类型，应当重视社会评价、关注个别评价、利用不同评价、坚持专业评价，把城市规划的公共性与引导性有机结合起来。

4. 工作特点——协调性

城市规划、城市空间的综合性特点，使之在形成过程中伴随着很多交叉关联，例如主体利益交叉、主体责任交叉、相关偏好交叉、期限时空交叉，尤其是客观标准方面的交叉，包括自然属性和社会需求，自然科学评判和社会科学评价，相关工程专业准则、经济可行和技术进步、观念演变等等。

普遍存在的交叉关系、评价标准的多种角度，使统筹协调成为城市规划工作的基本特点和重要方法，统筹兼顾是提高城市规划可行性的正常渠道。

三、城市规划的基本特点——技术方面

城市规划的科学技术领域覆盖广阔、门类众多、关系博杂，在此仅从一般共性的认识角度，对城市规划的内涵、方法和价值三个方面的基本特点进行探讨。

1. 内涵类基本特点

因为城市规划必须适应城市的综合性、复杂性，由此而伴生交叉性；因为社会人文类内容、自然科学类待认识内容的融合，随之需要模糊性；以城市载体为最终成果必然是空间性的。因此，交叉、模糊、空间是非常基础性的城市规划内涵特点。

（1）交叉性

丰富的城市构成要素遍及经济、社会、环境、人文等诸多领域，引起功能交叉；涉及自然科学、社会科学的众多学科、专业，带来规则交叉；关乎公共、行业、集体、个人等各方利益，产生价值交叉；领域、行业、学科、专业、价值等不同的视角和出发点，存在角度交叉。各种交叉本身也可能同时存在着与其他交叉种类的交叉。

交叉性是复杂性的主要来源、系统性的协调路径、综合性的构架内涵，在城市规划中几乎无处不在。各种交叉可能产生诸如客观状态、促进作用、功能阻碍等不同的结果，需要根据交叉的具体特点分别采取应对的方法。对待各种交叉的基本方法可以分为理顺关系、区分主次、相互兼顾等，具体因势利导、灵活运用。例如，专业性各有本专业的科学道理，车走路、船行水各有各的道，对此类交叉主要采用理顺关系的方法；功能性的关键作用、重要程度有所不同，对此类交叉通常是要区分主次，如安全第一、保护优先等；利益性、观念性等交叉多需要相互兼顾、统筹协调。

（2）模糊性

要素的交叉性带来了城市规划的模糊性：不同领域功能的交叉、

交融，使某些空间的功能边界模糊，或是某些功能的空间边界模糊；不同学科、专业规则的交叉，使某些事物的评判标准模糊；不同出发点的角度交叉，使某些规划结论的对错模糊；不同主体的价值交叉，使某些规划决策的优次模糊。不定、未知领域的存在，使规划应对也只能模糊。

对于"模糊性"，不宜一概以模糊了之，应弄清"模糊"的性质，选择对策，对合理、积极的加以利用，对作用、影响明显为负面的应当澄清，其他的不妨姑妄由之。对于城市这样复杂的巨系统，我们所知道的实在很少，在具体的规划项目中，没有必要把大量的时间、精力耗费在那些其实没有标准答案的问题上。

（3）空间性

可视、可感是空间最显著的特点，城市规划的产品就是空间，基本任务就是对空间资源的利用和配置，有许多种关于空间的理论、方法。如果把物质性的定义为"要素"、非物质性的定义为"因素"，可将其分为要素和因素两大类，也可以说城市空间是以"要素"构成，由"因素"生成。

城市空间不只像"当其无，有室之用"的器物，更本质的还是活的生命体，就好像一个人，具有高矮胖瘦、壮弱美丑的形貌要素，其来自于诸如DNA、营养条件、生活习惯、气质修养等内在和其他因素。图空间类的学问适合解答空间的构成要素，难以表明城市空间的生成因素；而生成因素是城市空间的根本，一定的城市空间必须具备相应的生成条件才能形成。同时，因为已经形成的城市空间是无法重叠的，因此城市空间的"占有"具有强烈的排他性，而城市空间的"利用"可能具有良好的兼容性、协调性。

2. 方法类基本特点

因为城市规划的内涵特点，实践中衍生出各种相应的对策和解决方法，系统性、综合性、预测性、层次性是城市规划方法类的基本特点。

（1）系统性

生命体都是有系统性的，传统中医学以六阴六阳十二种经脉表述整个人体的系统关系，西医把人体分为消化、呼吸、循环、内分泌、神经、运动、泌尿、生殖八大系统，城市生命体系统的多样性更是远远超过人体。系统性也是一种关联性，一个整体的各个部分都是有关联的，并存在着不同的关联方式、关联度和各自的作用。系统内部多直接关联，系统之间也相互影响，特定的"秩序"（必要的模糊性也可看作秩序的一种）是系统健康的必要条件，认清和遵循"秩序"是维护系统健康的前提。

系统性特点要求关注"既有、又有"，既有目标本身的直接需要，又有为了实现目标而不应回避、不可回避的相关需要。城市规划中的"既有"问题容易被关注到，"又有"的问题则通常需要进行深层次、关联性的分析才能发现。

中医不是"头痛医头，脚痛医脚"，城市规划也需要关注"扯了荷花带动藕"。系统之间的关系具体包括中心城市发展与周边城市的关系、新区开发与旧城更新的关系、道路交通与两侧用地的关系、建筑高度与市政供给能力的关系等。系统内部例如，城市中心与副中心、区中心、街道中心等关系，各级、各点之间分别有相适应的空间布局结构和消费特征分布；街区历史文化的保护与街区健康持续发展、居民生活水平提升，以及与住宅宜居、建筑材料、建造工艺、劳动定额等关系，有如连环，环环相扣，一环或缺，系统健康难保。

（2）综合性

综合不等于全部，而是重在相关；不是拼盘、火锅式的拼凑，而是重在有机的统筹协调。城市规划系统是城市巨系统的一个层面，根据城市巨系统的需求，按照城市规划系统的任务，明确综合范围，选择统筹重点、协调要点。自古以来城市的需求一直在不断演变，城市规划的任务也随之不断变化，从最初的防卫到《马丘比丘宪章》的总结，城市规划的综合性质不变、综合内容不断增加和变化，并必将持续变化前行。

就城市规划任务的本质而言，如果认定是配置（包含保护、利用）空间资源，就需要围绕空间资源的位置与用途、数量与形态、质量（工程性）、品质（人文性）和城市交流联系等空间配置的各种要素，明确综合的范围，选择统筹的重点。经济、社会、环境、人文等都是城市规划的服务对象，但都不是城市规划本体。它们的发展需求是城市规划的主要依据，但不是城市规划的本质任务。城市规划的任务是为它们的健康需求提供相适应的空间支撑，因此城市规划综合性的重点目标始终应是城市空间。

综合性特点要求关注"既要、又要"，既要实现主要目标，又要兼顾其他相关目标，减少和避免为了实现主要目标而产生的负面影响。实现目标的规划往往相对容易做到，但同时又要减少乃至避免负面影响就不那么容易了，需要根据规划任务的具体情况研究采用恰当、有效的综合方法。

（3）预测性

所有的规划都离不开预测，编制城市规划，尤其是宏观、中长期规划的预测性比重更大。即使是城市规划的实施也有一定的预测性，实际形成的结果往往与图面效果有很多差别。

预测准确性的影响因素很多，特别是不定性的影响，其中有两个方面应该重点把握，也是能够把握好的，即客观的可测性、主观的逻辑性。

城市活动中有很多是弄不清楚或不可测的，即使采用大数据方法也直接受到统计渠道、统计方法所产生数据的内涵真实性、准确性的影响，积年曲线也可能受到城市特殊事件和国内、国际形势的不定性影响。因此，城市规划的预测应以客观可测的要素、因素为依据，不具备客观可测性的只宜作为参考或不用。

主观的逻辑性就是不要简单地"拍脑袋""拍胸脯"，而要尊重和遵循相关事物的内在逻辑。比较典型的如城市人口和建设用地的规模预测，不同角度的各种预测模型不少，笔者在近40年规划工作经历中所遇各级城市规模的总体规划数百轮次，但规模预测准确的并不多。究其原因，一些标准规范依据的基准发展水平滞后，不符合生活水平提升和生产技术进步的需求逻辑，例如城市人均住房面积增长了数倍、小汽车进入普通家庭等重大的基础性变化未得到实事求是的应对；忽略经济结构、产业门类层次、外向型经济和机械化、智能化对用地、就业的影响逻辑，导致统一的生产用地指标不能适应经济产业不同特点的需求；依凭了一些不可测性数据和未能正确认识到发展阶段变化的相关逻辑也是规模预测失准的普遍因素。

预测性特点使得城市规划不同于预定计划那么清晰、细致，在明确刚性的同时还要保有适当的弹性，以适应在规划期内各种无法提前确定的客观条件的变化。没有恰当的刚性，城市规划的随意性太强，就起不到规划的作用；没有恰当的弹性，出现无法实施的情况，就失去了规划的意义。这就需要对刚性、弹性的内容和程度进行选择。一般而言，发展方向、结构框架与关键目标宜强调刚性，以保证"一张蓝图干到底"，具体实施的时序、进度，特别是进程和策略宜保有弹性；法律法规和自然科学类的强制性标准当然是刚性的，社科人文类的普遍共识也可以作为刚性的内容。同时也应当认识到时间对刚性、弹性影响作用的可能趋势，以利于正确把握发展演变的方向。

（4）层次性

因为空间性内涵，城市规划的层次性特点格外分明，宏观、中观、微观各有其相宜比例的图纸和相适应的主要学科、专业的知识和能力。图纸的不同比例反映了规划的技术层次，主导学科、专业反映了该层次的主要技术角度。

例如，宏观性的区域规划图纸比例多小于1：50000，中观性的城市总体规划对应于不同的城市规模多在1：50000~1：5000之间，微观性的详细规划图纸比例一般为1：2000，其中修建性详细规划更大，为1：1000，而城市设计、总平面图就常用1：500了。解决一定层次的空间问题必须用相应比例的图纸才便于进行研究和清晰表达，更重要的当然是需要相应的专业知识能力。

3. 价值类基本特点

对城市规划价值的理解随各自角度而不同，从城市规划自身角度应是：城市规划为谁服务，城市规划是什么，其基本特点可以归纳为公共性、过程性、决策性。

（1）公共性

"城市"是人类聚居点的定义决定了城市规划自诞生起就是为群体服务的。群体的概念随着社会文明的进步而扩大，现代社会的"群体"就是全体市民、人民。可以说，为全体市民服务、为人民服务是城市规划的"初心"、天性，保障城市的公共利益、维护城市空间的社会公平是城市规划的天职。

一切城市规划都涉及公共利益，不涉及公共利益的问题不必纳入城市规划。公共设施、公用设施、公益设施都是直接的公共利益；间接的公共利益是集体、个人建设和运行对公共利益的直接影响，例如经营性建设对公益性的影响，选址对城市功能的影响，客货运输和出入口对城市交通的影响，水、电、气需求对城市市政系统的影响，人文风貌对城市文化的影响，造型对城市景观的影响等。

在保障公共利益的前提下，应当统筹兼顾非公共利益和私人利益，以支持经济社会环境健康协调发展、促进社会公平和谐稳定。在公共利益和各种集体、个人利益中，合法合规是最大、最根本的公共利益。

（2）过程性

城市是生命体，不同阶段各有生长的内容和特征，不断的传承、更新、创新是城市生命体的常态，也可能出现停滞甚至衰败。因此，对城市的规划也就是有阶段、无终极的，每一轮城市规划的主要价值都只是对该规划期阶段的安排，对某些方面可以作更长时期的考虑。当然，城市的新生期、青春期、转型期等特殊阶段有可能对城市产生长久的甚至永久性影响，城市规划应该对这样的阶段和相关要素予以特别的重视。同时，因为城市是持续发展前行的，就不能只为今天可行而堵了明天的道路。如果说"吃祖宗饭"是无能和羞愧，"吃子孙饭"就是自绝性的愚昧和负罪了。

考虑到城市规划的预测性特点，在编制中对于过程可以有两种逻辑。一是目前的通常做法，先追求20年后的美好前景，然后附带做一个3~5年的近期规划；二是把近期目标作为规划的重点，在此基础上再依次向中期、长期推进。

在这两种逻辑下，规划的思路、结构、目标、内容等都有可能不一样，都有各自的优势。第一种逻辑的优势是放眼长远，有利于把准方向、激发当前关注和动力；第二种逻辑的优势是立足当前，可以更加理性地预测长远。两种做法可以互为校核。

《中华人民共和国城乡规划法》第五条规定："城市总体规划、镇总体规划以及乡规划和村庄规划的编制，应当依据国民经济和社会发展规划"。笔者倾向于以第二种做法为主，以第一种做法校核，跟随经济社会发展规划每五年一修编，有利于城市规划与经济社会发展规划的协调一致，也可以更好地适应市场的变化。对确定的必达目标，例如方向性、规律性目标，各类支撑、补缺、保护、修复等目标，则不论近远，持续坚持。

认清过程性特点，有利于促进城市规划重点突出而不必贪大求全，技术观念开放而避免因循守旧；处理好过程性特点，有助于城市规划的目标切实、路径清晰、措施可行、实施如约。

（3）决策性

城市规划价值的关键之一就是决策，没有通过批准的城市规划只是一种设想、一个方案，不能付诸实施，也就不可能成为事实。同理，在城市规划工作过程中，在空间资源具体配置的过程中，也常常含有决策的因素或者决策本身直接存在。

因为城市规划决策对城市、对相关部分和相关方面有关键性影响，直接涉及城市发展的健康持续、利益分配的公平合理，就不能不科学地、慎重地进行。首先需要考虑的是轻重缓急，利益以什么为重，时机以什么为先，都是决策价值观的体现。在此基础上还有决策的全面性、协调性、策略性等。

一项综合性决策的内部也有上下层次的过程决策和各种出发点的角度决策；层次不同、责任不同，角度不同、观点各异。对任何一个层次、一种角度而言，在肯定其正确性的前提下，也不能就据此认为与之不同的意见都不对。无视层次、角度的区别给判别对错带来的影响，简单认为与自己不同的意见都不对，都是不可取的。所谓"中道实相"①的多层次、多角度的思考方式，在对待和判别复杂事物中可以参考、采纳。

同样道理，"真理"和"权力"不是一组反义词，"向权力讲述真理"只是一种简单化的概念性说法，尤其不能有我之下是"蒙昧"、我之上是"权力"、只有自己是"真理"的盲目良好感觉。拥有决策权的人应当了解和遵从"真理"；而"真理"在"向权力讲述"时，也需要了解综合决策的层次、角度的价值内涵和取向。

四、城市规划基本特点的方法要求

对应于上述基本特点，城市规划逻辑性地产生一些基本要求，包括客观的全面性、主观的综合性、整体的协调性和工具的对应性等要求。

1. 客观的全面性

全面性理所当然要求开阔的视野，但不应停留在表面现象、表层思维。例如对传统民居的保护，既有建筑本体也有居住环境，既有传

---

① 见梵心居士编，《佛识慧集》。

统风貌也有现代生活，既有专业认知也有居民意愿；再如公交站点设置，既有站距问题又有客源问题，既有密度问题又有转换问题，既有线路衔接问题又有慢行衔接问题，等等，都需要全面地统筹考虑这些相互关联的问题。规划本体要素、影响本体要素、本体影响要素，都需要纳入视野以备选择，主材、辅材、佐料齐备才能形成丰盛大餐的材料基础。当然，资料也不是面面俱到、多多益善、越细越好，而是在于"相关性"，正确的基础资料搜集、梳理尤其研判，是城市规划客观全面性的重要条件。

大数据有可能提供漫山茶海的每一片枝叶，但茶叶的采撷还得依凭慧眼灵心。以下几点可以用于衡量客观全面性：资料反映情况的覆盖比重、代表性（大多数）、典型性（要点、要害问题），纵向（深层）的正、负面影响，其中瞄准要点、找准要害、挖出深层影响是特别关键的。

2. 主观的综合性

综合性是对相关关系的统筹。通常需要综合统筹的关系组群如：生产、生活、生态，经济、社会、环境，功能、景观、文化，不变、演变、改变，国家、集体、个人，法律、行政、技术等。综合性越广泛，规划的合力和实施的可行性就越大；综合性越到位，规划的负面影响就越小。

相对于全面性重在关注客观、深层、正负面的影响，综合性则主要是发挥主观能动作用，重点针对相关规划要素、因素之间的影响关系，进行总体相互协调支持、趋利避害的统筹安排，反映出城市规划的价值取向和包容胸怀。

3. 整体的协调性

协调性是城市的质量和能力的体现，一般需要通过城市规划和市场运行两种渠道，其中城市规划应保障整体的框架结构和系统等全局性协调，局部的具体协调可以借助市场的力量。协调不是简单的"你好我好大家好"，而应结合对"模糊性"特点的分析，选择遵循一定的规则。不同类型、不同性质的问题各有相宜的协调规则。一般而言，工程技术类问题的协调因具有相关标准、规范而相对比较明确，对于其他类型问题的协调，中国传统文化中"择善固执"①的原则有可能更加适用。"善"不等同于"对"，也不只是简单的"好"，还包括了"正义"，规划实施管理中实际需要运用较多，重在度的选择把握。

匹配性协调、空间性协调是通过城市规划技术渠道协调的两个主要方面。

匹配性协调，例如系统内部的协调、系统与服务需求的协调，用地布局与交通结构的协调、主要功能与辅助功能的协调等；空间性协调，例如各类廊道与用地功能、总平面与出入口、建筑物的高度与体量等。匹配性协调基本都有比较明确的技术规则或习俗规律。空间性协调中的景观类部分，因为偏好的存在，规则深浅较难把握，粗了可能失控，过细制约创新，需要因地制宜地进行研究，因管理能力和设计能力而异。一般宜粗不宜细，留好建筑设计和景观设计的创新空间，重在各得其位、各守其宜。

公平性协调，可以分为两个部分、两种渠道：编制阶段通过城市规划渠道促进公平，可以用空间环境和基本公共服务设施的"均好性"进行衡量；实施阶段以市场渠道为主，视需要辅以城市规划措施促进公平，协调的基本规则宜为"合法权益，利有所责，弊有所偿，各得其利"。

城市规划中的协调需求多种多样、不可尽数，就其本质属性大概可以分为两类：技术协调和利益协调。技术协调的内容多是岗位责任角度、专业行业标准，重在及时加强交流、沟通；利益协调的内容当然是各种利益，交流沟通是需要的，但利益问题一般并不是只通过单

---

① 见《礼记·中庸》。

纯的情况沟通就可以解决，而应当设身处地、换位思考，坚持公平、坚守底线。

4. 工具的对应性

绳、尺、刀、斧各有所用，城市规划也需要选择适宜的理论、方法等工具。城市规划的理论、方法覆盖宽广、类型繁多，但都有其产生的时代、领域，有些甚至还应考虑其诞生地或首创者的特点的影响和作用；因此，具体的理论、方法多有一定的适用范围，不宜生搬硬套，一旦放之四海，都须因实制宜。正所谓"阵而后战，兵法之常；运用之妙，存乎一心"①。关于"运用之妙"，城市规划理论、方法等工具的选择和创新可以关注以下六个对应。

尺度对应。城市规划宏观、中观、微观的尺度差别巨大，不同理论、方法多有各自的适用空间尺度。例如区域性规划的点轴发展理论，用在村庄甚至一个小公园就有点不伦不类、庸俗化了，原因在于其只见点轴形象的表面思维，而缺乏点轴发展的理论思考。将点轴抽象地用于宏观尺度可以形象地概括战略要旨，而不太适用于重在研究具体空间关系和行为、心理的微观尺度规划。

任务对应。城市的生长、发育、更新等各个阶段都有不同的重点任务，诸如生长期的探索、发育期的框架、拓展期的功能、更新期的内涵等。城市还有自身的发展区位、产业结构层次等实际条件的需求，选择理论、方法要因势利导，不应削足适履。

因地对应。因为自然的规律，世界范围和区域中的发达区域大多数位于温带、平原、沿海地区，很多通用性规划理论、方法也都产生、依托于温带平原地区；一般人们都希望理论、方法具有比较广泛的意义，而广大地域中的地质、地貌、地脉等地理条件、气候条件和人口、资源特点千差万别。我国南北地跨热、温、寒带，东西有城市发展区

---

① 见《宋史·岳飞传》。

域高差数千米的三大台阶，山区面积近70%，还有星罗棋布、特色各异的水乡地区。城市规划理论、方法需要入乡随俗地借鉴应用，适乡宜俗地创新落地，以助城市获得健康发展、形成特色的理论、方法动力。

因时对应。随着时代的进步，包括经济社会条件、科学技术能力、生活基本诉求、发展价值取向等，城市的几乎所有方面都在不断变化，貌似未变的物质空间的非物质内涵也随着时代在演变。城市规划理论、方法多有过成功的实践检验，其中有不少作出过很大贡献，有些还留下了辉煌的经典实例。但是不应忘记辉煌经典产生时具有特定的社会土壤和时代气候，即使是同样的空间形象秩序，礼制时代的文化性理论也肯定不适用于现代人民民主社会的文化内涵，理论、方法要跟上时代的步伐。

特质对应。正门朝南的布局规则多只适用于北半球地区，放之四海而皆准的理论、方法只应用在基本原理、一般规律层面，否则必将导致"千城一面"。城市常有自身的特质，例如人口密度，我国各省、自治区的人口密度从3到近800人每平方公里，相差数百倍之巨，必然有不同的城镇密度、经济密度，不可避免地对其城镇体系、产业结构等方面产生影响；文化特质方面的东西方文化、城乡文化、民族文化、地域文化，传统建筑材料特质方面的石、砖、木等，都从不同角度影响相应的领域，都是选择和运用城市规划理论、方法时需要关注的特质。

用途对应。城市规划是空间规划，但其理论、方法既有立体空间性的，也有纯平面性的，就像平面几何不同于立体几何一样，不能用平面的理论方法探讨、评价立体空间；既有数据、构图类的，也有功能、品质类的，不同类别各有所长、各宜所用；既有预测、规划类的，也有统计、检测、现状表述类的，不宜简单套用统计检测的方法去作预测、用表述现状的方法做规划；不应只把文字表述的优美当成规划的核心内容，文学性的技术经济论证、成果审核难以实质性地有效提高城市规划的质量和水平。交叉可以作为一种创新手段，但除了必要的形象，城市规划创新的根本目的是实质的应用而不是单纯的形式。

五、城市规划基本特点的价值要求

前文把城市规划价值内涵的基本特点归纳为公共性、过程性、决策性。按照这样的价值特点认识，城市规划工作可以关注以下几项基本要求。

1.公共性特点要求

城市规划的公共性特点要求相关工作者在工作中保持两种心境：公心、爱心。

"公心"最重要，城市是公众的共同家园，理所当然应以公共利益至上、公益事业优先。只有以保持公心为基础，才能有利于树立正确的价值观，协调整体与系统、全局与局部、公共与其他的关系。城市规划中也经常会出现公共利益与城市规划工作者的私利关系，本书不将其纳入探讨范围。

"爱心"最宝贵，热爱人民才能使城市规划工作者做到公共利益至上、公众利益优先，才能关爱弱势群体、促进社会公平；热爱自然才能有助于城市规划工作者自觉处理人与自然的和谐关系，促进可持续发展；热爱生活才能有助于城市规划工作者精心规划设计，创造品质兼优、富有情趣的宜居家园。

2.过程性特点要求

城市规划的过程性特点，要求城市规划工作者在工作中应当承担三类责任：创造、预留、保护，也就是对现在、未来和过去的责任。

过去、现在和未来本就是一脉相传的，保护、创造和预留也应相互交融、不可分割，它们都是从各自的角度、不同的出发点汇聚、交融于同一个规划，不是"只要、不要"，而是"既要、也要、还要"，最为确切的关系、最为本质的方法就是"在发展中保护，在保护中发展"。

创造，是城市规划的天性之一，规划就是为不断出现新事物而生的。创造是为了当代，或者主要为了当代，适度超前是需要的，但没必要为了子孙后代而创造。从文明演进的角度，后人肯定比前人做得好；从人生责任的角度，一代人有一代人的责任，当然就有创造的权力；从优胜劣汰的历史角度，首先得经过当代的大浪淘沙。通罗马的条条大路已经成为欧洲的乡间道路①，延续400年的香榭丽舍大街成为"法兰西第一大道"也只有200年历史，且面貌不断演变，百年大计、千年大计主要是指战略方向和工程质量。同样因为过程性，创造需要精心、精细、精致，才能形成精品，经得起历史的检验，才有可能使该创造得到后人的保护而传承、传世，否则只能似电光石火、一现昙花。

预留，是过程性的必然需要，是每一代人的责任。城市规划的预留不只是划出一点预留规划建设用地那么简单，特别是处于生长发育期的城市，各个系统都可能有扩张、完善、提升的需求，都需要预留应对发展趋势的考虑或可能性。预留的责任决定了城市规划的开放性、持续性，而不仅是完成规划期的目标任务。有别于"创造"的具体性，"预留"的主要是方向性、原则性、可能性的内容。

保护，在基本农田、生态环境、自然资源、历史文化等很多领域、很多内容上已经得到广泛的重视，随着经济社会的发展、气候环境的变化和发展文化的进步，必将不断有新内容被纳入保护的范围。城市规划应当保持敏感性地及时适应这些变化，不仅要承担起已经确定的保护责任，还应当把必要的保护内容和方法适时纳入城市规划自身的功能和素质范畴，就好像狩猎的方法不妨碍森林、摘果的行为不妨碍果树一样。如果不能做到城市规划自身功能和素质的及时拓展、提升，

---

① 盐野七生.罗马人的故事10：条条大路通罗马[M].北京：中信出版社，2011.

就必然产生越来越多的保护等规划，使原本可以通过城市规划内部协调完成的任务大量移出成为城市规划的外部协商，进而显著增加城市规划实现的复杂程度。

3.决策性特点要求

城市规划的决策性特点，要求城市规划工作者在工作中应当依靠三个支撑：法律、行政、科技。

城市规划是公共产品，不是单纯的科技成果；是公共政策，不是专业的技术规范；是付诸实施的蓝图，不是用于欣赏的画卷。经济、社会需要，环境、技术可行，发展、保护协调，总体公平、公正，都是需要统筹兼顾的重要内容。因此，城市规划决策必须以法律为准绳，以科技为基础，以行政为手段，三个支撑点异角同功，共同保障城市规划的科学决策和依法实施。

因为支撑点不同，在决策中发力的角度就不一样。打个不甚贴切的比方，法律和科技好像人的两只脚，行政就像手，左右两脚要相互配合，手脚要协调一致才有利于实现目标。"知而不行，是为不知"[1]"一旦真知，自然能行"[2]；"真理"的居所没有固定的门牌号码，实践才是检验真理的标准。"鄙薄技术工作以为不足道"[3]和把行政管理决策视同于"拍脑袋"都是不可取的。

4.两组四方关系

如果把城市规划行为抽象为"通过服务实现目标"，就可以把城市规划行为简化分为两个组：目标组，涉及价值主体；服务组，涉及价值配置角度。其中，目标组包括社会公益和市场利益两方，重点关注利益及其关系问题；服务组包括专业决策和法定决策两方，重点关

---

① 见王守仁，《传习录》。
② 见唐浩明，《曾国藩》，2012 年。
③ 见毛泽东，《纪念白求恩》，1939 年。

注合理与可行问题。在城市规划决策过程中，需要统筹协调、妥善把握好这两组、四方关系。

社会公益是城市规划的灵魂，没有社会公益问题就不需要进行城市规划。因此，社会公益问题渗透在城市规划的全过程，城市规划工作的所有节点都不应该忽略社会公益。市场利益是经济社会发展和人类文明演进的基础动力，公正、公平的市场利益配置也可以视为社会公益的一个组成部分。市场利益方有集体、个人等明确的获益主体，主要在详细规划层次和规划实施阶段体现。在目标组的问题中，相对于空间资源的利益配置，除了特别的标志性对象，景观类只是辅助性要素，但也不应忽视。

专业决策是专项决策、过程决策，主要依据各个专业的规则和创造；其中的相关刚性规则有决定性作用，刚性规则以外则是创新的空间，在专业决策过程中应当充分利用。法定决策是综合决策、最终决策，通过依法行政渠道进行；法定决策重在对方向的正确性、目标的可达性、路径的对应性和措施的可行性进行审查决策。

因为城市规划科学技术和经济社会发展、规划实施主体等诸多方面不可分割的综合性、交叉性，在城市规划领域，专业决策是法定决策不可或缺的基础，也是法定决策的组成部分；法定决策是专业决策得以实现的保障，也是专业决策的通行证。

六、城市规划基本特点的能力要求

城市规划要求的能力范围与城市规划的内容一样宽广，需要想象力，更加需要创造力，且随具体的内容和问题而要求各异。前述城市规划的十个基本特点，有内涵方面的交叉性、模糊性、空间性，方法方面的系统性、综合性、预测性、层次性，价值方面的公共性、过程性、决策性等。对应这些基本特点，要具备良好的创造力而不是只有想象力，以下四种能力是需要关注的：逻辑能力、选择能力、统筹能力、协调能力。

1. 逻辑能力

城市规划要素丰富、因素复杂、关联显隐、时段长远，主要内容多是预测的、预定的。从大的方面讲，城市规划要符合城市发展演变和客观需求的逻辑；从小的方面说，城市规划自身内容应符合内在逻辑。城市发展演变和客观需求的逻辑相当复杂，需要进行专门、专题研究；城市规划自身内容的内在逻辑虽然比较简单，但实践经验说明也很需要关注。

例如，规划城市跨河发展，首先应明确定义，如果"发展"是目标、"跨河"是形式，那就先要考虑为什么要跨河发展，不跨河能不能发展，跨河与不跨河的发展利弊、成本高低的比较等问题；如果已经确定"跨河发展"是目标，那就只需要考虑怎么跨河、怎么发展的问题。

怎么跨河需要考虑：跨河的功能、规模，两岸系统关系，跨河的区段、点位及其与地脉地貌、空间资源等关系，跨河的方式、能力和密度及其与跨河规模、功能布局结构的关系等。同理，怎么发展需要考虑的问题更多。

在城市规划中，逻辑能力首先是发现问题、提出问题的观察和思维能力，具有与规划任务相应的深度层次和缜密的思维逻辑才能提高城市规划系统的关联支撑性。"拍脑袋"就是不讲逻辑，"眉头一皱计上心来"也应是建立在逻辑思维的基础之上，属于活跃思维；跳跃式思维则是另一种思维方式，在城市规划中一般只适用于造型艺术等方面。

逻辑能力也直接体现在城市规划的文本相关部分和文、图表达的相应内容等方面，前面第二部分二—1—（1）"整体逻辑"部分中已有表述，在此不再重述。

2. 选择能力

城市规划面对纷繁复杂的各种要素、因素，不可能也不需要不分轻重缓急、面面俱到，而必然要不断进行各种选择。例如，规划内容方面，有目标、问题、路径、措施等选择；价值取向方面，有对错、重点、要点等选择；规划方法方面，有深度、难度、尺度等选择；规划对象参照系方面，有范围的广度、水平的高度、侧重的角度等选择。

可以把各种"选择"分为原则选择和程度选择两大类。

原则选择主要是价值观的体现，可以分为两种。一种是对城市规划相关内容真理性的认识和认同，一般有对错之分，例如城市规划应以人民为中心，不以人民为中心就是错误的。另一种是对城市规划相关要素价值性的认识和排序，是出于不同角度的选择；通常选择以某个角度为原则，其他角度服从于这个角度。当然，有一些角度之分也存在真理性的对错，如果城市规划不把公共利益作为优先角度就是错误的。原则选择的关键不在于口号的选择，而在于城市规划相关内容中贯彻、落实这个原则。

程度选择主要是方法论的体现，一般是技术性、技巧性的，可以分为两个层次，一是内容层次抓重点，二是对策措施层次抓要点。重点、要点的把握直接关系到城市规划的质量高低乃至目标实现的成败。例如历史街区保护，传统民居的宜居是重点内容，解决建筑物理要素的宜居是对策措施要点。这样选择的技术路线非常清楚，因为不解决建筑物理的宜居性就无法使传统民居达到现代居住要求，达不到现代居住要求就不能吸引有相应能力的居民入住，缺乏有相应能力的居民就难以保持历史街区的活力。

选择能力就是一种决策能力，在纷繁复杂的要素、因素之间决断取舍；而选择正确与否、优次高下、偏全适度，在城市规划制定阶段首先依凭于逻辑推理和经验预判，最终还要依靠规划实施效果检验证明。实施过程中出现的变量有可能对当初的选择产生影响，而影响也就是改进、提升选择能力的营养和机遇，如何面对"意料之外"本身就是一种选择。

3. 统筹能力

城市规划涉及领域广、专业门类多，各个领域、层级、行业、专业等都有自己的诉求；全局要求合理兼顾，以使各安其位、相得益彰、确保重点、整体最优。因此，城市规划中的统筹几乎无处不在，统筹的内容和形式也千变万化。从系统特点角度，可以把城市规划的统筹简化分为两大类：内部统筹、外部统筹。

内部统筹，是同一个主体的相关部分的统筹，例如功能、规模、位置、配套、时序等，不同规划层次各有统筹的基本内容和具体方法。内部统筹是系统性的，以系统功能为主要对象，一般不涉及利益的调整，或因"肉烂在同一口锅里"而不至于成为重要矛盾，以经济技术类方法为主要统筹方法。

外部统筹，是不同主体之间的统筹，例如板块之间、系统之间、整体与局部、公共与非公共等。外部统筹是网络性的，统筹的内容组成多与内部统筹相似或相同，但统筹的主要对象在很多情况下涉及对"利益"的调整，特别是空间的"排他性"特点使外部统筹的复杂性和难度加大。因此，除了经济技术方法以外，社会科学类的统筹方法也非常重要，有时甚至是很有效、很关键的。

统筹能力也是一种梳理能力，首先在"统"，理清全局关系；其次在"筹"，组织相关关系。科学合理的统筹必然有清晰的逻辑和正确的选择，因此，统筹能力离不开逻辑能力和选择能力。

4. 协调能力

因为城市规划涉及领域、行业、专业、主体具有复杂的交叉性，需要通过统筹才能形成"一张蓝图"。为了形成统一意志的"一张蓝图"，就需要进行相关协调，包括"一张蓝图"的整体协调、相关系统之间的协调、相关主体之间的协调等。按照协调内容的基本内涵，可以将协调分为标准协调、观点协调、利益协调三大类，各有主要的协调标准和协调方法。

（1）标准协调

标准协调是最规范的协调。各行各业都有自己的行业和技术标准，且因技术特点不同，基本都是以各自行业为主制定的，发生交集时难免有标准不同甚至相互矛盾的问题。这类问题中，有些是可以兼容的，通常无需协调；对不能兼容的问题则需要协调。

标准协调的一般原则是：对于所有相关标准，保障安全第一，刚性标准优先；对于不同行业、专业的相关标准，需要协调的问题的主管、主导标准优先；对于同行业、专业的标准，高级别的标准优先。按照我国城市规划相关标准的现状实际，标准中的刚性内容必须作为标准，其他内容可以理解为标准中的导向观点。

（2）观点协调

观点协调是最复杂的协调。此处"观点"专指对同一个问题的业内不同观点，此时产生"观点"的客观条件基本相同，而"不同"的产生主要来自于主观判断。由主观判断产生的观点不同，包括了对客观条件的了解、理解、逻辑梳理、决策选择等区别。这些区别是在规划过程中具体产生的，但其根源有可能回溯到对相关理论与实践的积累过程，而积累过程是很复杂和模糊的。

不同观点的区别可以分为三种：对与错、优与次、左与右。

对与错是原则问题，必须比较、澄清，也相对容易做到，一般通过恰当的交流基本就可以就择对弃错达成一致。

优与次是程度问题，需要深入切磋，有时还需要从不同的角度进行比选，才能明确"程度"的可比性；这类协调是城市规划中最为普遍的存在，"多方案比选"常常就是一种主动的程度协调。

左与右是偏好问题，既没有原则的对错，也不是程度的优次，仅仅是一种偏好，就像用左手、右手的习惯不同而已，没有必要把不同的意见认为是"左撇子"，此时的"我认为这样好"其实只是"我喜欢这样"。这类协调的一般做法是相互理解和相互尊重，中国文化中类似概念比比皆是。

观点协调的前提是交流沟通，通过内容充分、方式恰当的交流沟通，增进对不同观点的相互了解、理解；遵从客观规律，尊重敬业精神，避免把对观点的评判混同、扩展甚至转移到观点持有者，即"对事不对人"；除了对确定的对错问题，对其他的观点协调必要时可采取"民主集中制"的方法。

（3）利益协调

利益协调是最基本的协调。此处"利益"专指城市规划中所涉及的各个主体的利益，例如人民主体的公共利益、法人主体的集体利益、自然人主体的个人利益等。所谓"基本"是指其普遍存在、无可回避。

城市空间具有排他性特点，在很多情况下还同时具有不可替代性特点，因此城市空间资源配置中的利益问题是城市规划中普遍存在的需要协调的重要内容。

利益有多种存在形式：利益主体形式，如国家、集体、个人等，主体不可混淆，但各主体利益之间可以按照规定的方式和内容进行交换，例如以容积率奖励换取公共空间、某些保护对象的异地补偿等；利益载体形式，如空间、经济、功能、景观等，其可以互换，例如用经济、空间等利益置换功能、景观利益等，是城市规划实施中在必要时采用的利益协调方法之一。

按照协调的不同特点，城市规划的利益协调可以分为两个阶段，即城市规划的编制阶段和实施阶段。在利益的主体和载体、协调方式和难度等方面，两个阶段都各有特点和侧重。

城市规划编制阶段基本都是公共利益之间的协调，可以分为两个层次。宏观和中观层次如区域性规划、总体规划，直接的利益主体主要是公共性的，一般与集体和个人不产生明确、直接的利益关系，这是因为规划的全局性地位，即使客观存在直接的局部利益关系也必须服从大局、全局。对该层次中相关方的利益协调，运用城市规划的基本原理、通用规则，一般就能够满足需要。微观层次是城市规划具体实施的法定依据，如详细规划，尤其是修建性详细规划。规划目标、服务对象和技术层次的具体性，经常涉及指向比较明确的集体利益、个人利益，因此，除了基本原理、通用规则以外，此时的利益协调还应当考虑具体空间规划所涉及的经济、社会、环境、服务等方面的公平性、可行性。

城市规划实施阶段的利益主体明确，涉及公共、集体、个人等多方的具体利益，这个阶段的利益协调是最根本，也是难度最大的协调问题。从城市规划管理职责角度，这个阶段的利益协调可以分为两大类：规划类协调、其他协调。其中不属于城市规划管理职责的协调都是其他协调，一般由相应管理部门负责，城市规划可从自身职责角度予以协助；规划类协调则纳入"实施协调"。

（4）实施协调

相对于以上从城市规划技术角度阐述的标准、观点、利益等单项协调，实施协调是从城市规划工作角度的综合协调，可分为规划成果的执行协调、细化协调、影响协调等三个类别。

①执行协调

执行协调包括对法定规划成果的依法实施和依法调整两个方面。

成果依法实施的协调，主要是规划管理与其他相关管理的工作协调，以及规划管理的内部协调。此类协调简单、规范，可以形成制度化操作程序和标准。

成果依法调整的协调，其起因主要有两个方面：一是市场因素影响，包括市场的变化因素和建设方的意愿因素，一般发生在规划许可之前；二是其他系统的影响，例如建设区域发现地下文物、管线等影响原计划实施的情况，通常发生在规划许可之后。根据起因的影响程度判别成果调整的必要性，分别归入继续依法实施或依法调整后实施的渠道。

执行协调尽管复杂，一些市场因素还比较棘手，但因为城市规划成果实施的法律保障和相关的技术规则、规范，此类协调基本都有法可依、有章可循。

②细化协调

细化协调是指在实施中根据项目特点或管理需要，对规划成果进行技术性细化、深化的协调，属于技术性协调。

技术性问题各有标准、规则，协调原本不甚困难，但由于城市规划的交叉性、模糊性特点，还有具体城市的文化特点、技术力量等因素，实际操作中的协调亦需慎重对待。规划成果在实施中的细化，常涉及功能、技术、艺术等很多方面，内容多种多样，情况千差万别，有两个基本要点在协调中应当妥善把握。

一是规划的职责边界，包括技术职责边界和管理职责边界，从专业角度主要是城市规划与建筑设计等其他行业之间的技术职责的划分与衔接的协调，从主体角度是政府与市场之间的权限协调。明确、正确的职责边界可以有效避免需要协调的事项的产生，实现协调减量。由于城市规划的全局性和政府的决策地位，管理职责边界的正确划定主要取决于城市规划的自律。

例如，建设用地红线及其界面，建筑红线及其界面，建筑的体量、高度、造型、风格、色彩乃至门窗和部品的纹饰处理，都是城市功能和景观的组成部分，但因其生成的专业支撑的广泛性，并不都是城市规划应该管理、能够管好的。城市规划职责在法定内容基础上，宜以城市功能和工程技术的刚性要求作为边界区分原则，包括城市的功能、布局结构以及各个系统的支撑性框架等。城市道路交通系统则因其与众不同的特殊系统性，需要从建设项目的交通影响评价一直细化到衔接连通的"最后一米"。

二是规范与创新的关系，其中有几点基本认识人所共知。第一，规范是已经成熟、共同遵照的规则，创新是前所未有、需要探索的。第二，规范有可能保守，不可能创新；创新是进步的前提，但也可能失败。第三，城市必须有规范才能健康运行，也必须有创新才能活跃发展，但规范和创新放在同一个时空点位就形成二律背反，因此城市的规范和创新都需要各自的合理空间。城市规划的技术创新主要应在研究、编制阶段进行，实施阶段重在对其他行业、专业创新的包容和支持。

规范的范围、内容不到位，就可能影响城市的秩序；规范的范围越广，创新的空间越窄；规范的内容越多，创新的机会越少。全面认识规范的作用，恰当地明确规范的范围和内容，可以减少需要协调的问题、降低协调的难度，同时有利于城市规划、建筑设计、城市景观风貌等多方面的创新。

③影响协调

影响协调包括规划实施过程的影响协调、预期实施效果的影响协调。

规划实施过程中的影响，主要有安全、环境、运输、环卫等方面的影响，尽管是临时性的，但处理不好就会妨碍城市的运行乃至实施进程。

预期实施效果的影响，主要有日照、通风等卫生条件，交通、停车等秩序，景观环境的视觉、心理影响等。

规划实施管理应针对影响的内容、程度和受影响对象的具体情况，有的放矢地进行协调，或者组织、协助协调，以消除影响或使影响控制在相关方能够接受的范围内，尽可能避免因规划实施而产生难以协调的影响，尽量减少规划实施的负面影响，降低负面影响程度。

规划实施过程的影响是实施中的具体行为导致的暂时影响，责任主体应是实施方，视影响的实际情况可以进一步细化具体明确为建设方、承包方、施工方等。这类暂时影响的协调，在对相关行为加强规范管理的基础上，主要属于责任主体和利害关系人之间的利益协调。城市规划和相关部门应各自按照法定职责，以技术方法辅助协调，以法律制度监督协调。

预期实施效果的影响应有两个预期阶段：一是规划制定阶段对实施效果的预期，属于城市规划编制需要研究的问题；二是规划实施阶段对实施效果的预期，也是此处分析的"预期"。

规划实施阶段对实施效果的预期，按照预期主体一般可以分为四个方面：城市规划的专业性预期，实施方的经济性、功能性预期，相关方的利益性预期，社会公众的预期。

其中，城市规划和实施方的预期效果已经一致，否则不会有明确的相关方并进入社会公众视野。因此，通常需要进行的协调有两类：一类是实施方和相关方对预期利益的协调，另一类是社会公众预期和城市规划预期的协调。两类协调各有不同特点。

实施方和利害相关方的协调是利益调整的协调，除了必要的说明、解释、沟通、磋商，通常还需要采用实质性措施合理补偿利益受损方。这类利益协调的责任主体是实施方，城市规划辅助协调应当尽可能保障各方合法权益。

社会公众和城市规划的预期协调本质也是利益的协调，如各类环境影响、历史文化保护利用方法、对某个景观的认识等。这种利益一般没有明确、具体的利害关系人，因此是公益性的协调。公益性协调不能以经济手段解决，也无需动用法律手段，不合法的实施必须纳入依法行政的框架进行纠正或制止。

公益性协调的主要内容是对"认识"或"观念"的协调，包括对过程效果的认识和对实施结果的认识。下面以最为普遍、常见的对某个景观的认识为例。

在实施过程中，景观是不完整的；现代文明施工要求围挡施工，外部可见的不是规划设计成果的景观，而是临时围挡设施。例如，某区一幢标志性建筑在建设过程中因其围挡形状而被众多媒体形容为"大裤衩子"，脚下还有"一双靴子"，其间声誉大受影响，直至竣工后露出真容才消除了社会误解。某山顶部一处旅游观光设施的施工围挡被舆论形容为"一座巨大的地堡"，成为设施拆除的重要原因之一。此时的公众认识很可能依据不对，应当及时公开、恰当解读，引导公众正确对待过程效果。

对实施结果的认识涉及评价的观念，因此更加复杂。以下几点基本认识可供参考。

第一，城市规划的主体责任是城市功能、城市秩序，不是某一个具体的建筑形象、环境景观。城市规划评判建筑，功能内容科学合理是首要的，外部形式则存在不同偏好，早在近百年前的《雅典宪章》就已经突破了将城市规划单纯看作建筑技术的观念。

第二，创新、领先本身意味着别人没有或极少数人有。众所周知的悉尼歌剧院、埃菲尔铁塔等世界著名建筑都是极少数甚至是个别建筑师的坚持，历经一个历史时期的社会批评、嘲讽而成为城市乃至国家的标志物，说明了形象创意性不属于少数服从多数、下级服从上级的问题。

第三，创新一定与众不同的逻辑不能反用，与众不同的设计是否是好的创新仍然需要专业的预判和社会的检验。因此，鼓励创新也就需要容许失败，能够容许失败才能鼓励创新。

第四，造型艺术是一门专业。对于造型景观类问题，规划实施管理的责任应是守住城市秩序的底线，给设计师留足创新空间。类比于时装设计，模特的服装是潮头性、标志性的，公众的服装是潮流性、大众化的；公众有发表自己意见的自由，出资者有选择的意愿，设计师有对作品负责的责任和权利。

此外，规划实施结果的影响往往具有两面性，以上谈及的都是负面影响。很多规划实施行为，特别是优质公共服务设施的布局、实施，例如文教卫体设施、地铁等交通设施、公共景观环境设施等，会产生广泛、巨大的正面影响。

这些巨大的正面影响意味着巨大的利益，而因为空间的排他性特点，这些利益在城市空间中不是均布的，即城市居民与这些利益的相关性、获得感大不一样；因为实施的过程性特点，这些利益的流动方向、获利对象也可能大不相同。规划实施的正面影响很多都是公共财政投入的结果，因此，公共财政对城市的投入如何形成可持续的良性循环机制，如何促进社会公平，是一个有待研究的领域。

在实施协调中，标准、观点、利益三种协调往往存在相互交融的现象，需要针对具体问题和实际情况灵活地进行。协调能力就是解题、解扣、办事的能力，如果像小说中的武林高手，一招中包含了多种功力，所谓"一招鲜吃遍天"，便能应对多种协调内容。

以上所述四种能力也是融合难分难解，特点各有侧重。在城市规划中各自的主要作用，简要而言就是逻辑能力是发现问题、连通路径，选择能力是保证方向、突出重点，统筹能力是编织网络、避免偏颇，协调能力是通关疏滞、凝聚合力。

按照以上分析，可把城市规划的基本特点及其相关关系用图 3-2 简要表示。

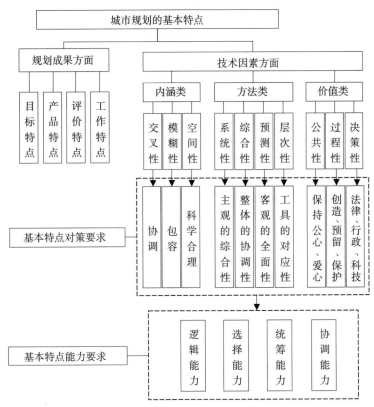

图3-2　城市规划基本特点关系图

七、城市规划基本特点的思想方法启示

因为城市规划具有的内涵、价值、方法等类基本特点，价值观的取向是城市规划中随时可能需要的选择，辩证法、系统思维的方法也应是城市规划的基本思想方法，要挖掘、利用这些宝藏，服务于城市规划的学习和工作。

1. 关于城市规划的价值观

价值观指认识、理解事物，区别、辨定是非的一种思维或取向，是人的一种主观选择。德国哲学家斯普朗格在《人的类型》中把人的价值取向分为六种类型：经济的、理论的、审美的、社会的、政治的、宗教的。不同类型的价值取向各有特点，无所谓对错，区别在于具体的选择标准和评价的角度。

价值观与职业特点相匹配是职业生涯幸福的基本前提，是人生事业发展的重要条件。一般情况下人们也多是根据自己的价值观去选择职业和人生事业，选择了城市规划，就要按照城市规划基本特点的需要，修炼正确的价值标准，其中社会价值、职业价值两个方面尤应关注。

（1）社会价值

社会价值方面，全面性、综合性的特点决定了城市规划的人民性、公共性，在任何时候、任何情况下，城市规划都应把公共利益作为最高利益，放在首要位置，其关键是如何明确公共利益的内容和范围。

①公共利益的两种存在方式

公共利益有独立的，也有组合的。城市发展、资源环境、基础设施等比较纯粹的公共利益属于独立的、直接的公共利益，本性就很明确。而那些公共利益中的非公共利益部分、非公共利益中的公共利益部分，属于组合甚至是融合的利益，则需要根据具体情况分析研究和评判。

②直接公共利益

不涉及具体受益方的城市规划都是直接的公共利益。因此，宏观、中观层次的城市规划编制基本都是筹划直接的公共利益；微观层次的城市规划编制主要也是面对直接的公共利益，但很可能涉及具体受益方，在编制过程中需要更加关注应当维护哪些公共利益和如何维护这些公共利益，妥善协调处理好这些公共利益与其他利益的关系。

③间接公共利益

公共利益也有间接的，非公共利益在符合公共利益需要的前提下，同时也是公共利益的间接组成部分。例如，经济发展和社会的公平、公正等是公共利益，规划根据政策对有关发展提供便利条件、合理保障具体弱势人群的利益、保护规划实施相关各方包括开发建设方的合法权益等，是支持经济发展、促进社会公平、维护社会公正等公共利益的必要条件，因此属于间接的公共利益。城市规划的"标志性"常有间接公共利益的作用，而"均好性"则是直接的公共利益。

间接公共利益问题在城市规划编制和实施中都广泛存在。城市规划实施的社会性、群众性更加具体、切实，因此在实施中维护间接公共利益的需求更为普遍，也更加复杂、更加重要。

（2）职业价值

职业价值方面，因为交叉性、模糊性、公共性、决策性等特点，使城市规划在一定程度上具有与众不同的要求，形成城市规划职业行为评价复杂性的特点，可以归纳为四对关系：选与调、守与从、做与说、岗与级。

①选与调

选与调即选择与协调。对与错的选择普遍存在，而且一般有相对明确的辨别标准，城市规划也不例外。因为交叉性特点，不同角度标准各异，城市规划技术性选择的复杂主要体现在选优方面；因为排他性、模糊性特点，选择的同时也是选弃，择和弃二选一的协调，使得在模糊性条件下选择的难度加大。

城市规划的技术性选择宜关注三个要点。一是多角度、多方案比选，其中不同角度，尤其是对立角度的比选比不同速度的比选更加重要、更为本质。二是充分磋商、平等协调。先争取科学合理，后协调切实可行，"先""后"都要，但先后的秩序一般不宜颠倒。三是"可行"为优，但需要关注"合理"与"切实"之间通常都有一个弹性范围，应注意通过协调对其去弊、免错，使"切实可行"最大可能地向"科学合理"靠拢。

②守与从

"守"指坚守原则、坚持正确的观点，不是固执己见；"从"指遵从秩序、从善如流，不是盲目随从。面对城市规划的交叉性特点，尤其要避免局限于自己的一个角度；而在非原则问题、非对错选择的处理中，更需要考虑模糊性特点，为城市规划的统筹协调和切实可行提供良好的主观条件。

"守"与"从"是同一个方法主体的两端，两端之间相连，没有楚河汉界，就好像黑与白之间有若干灰色的过渡，恰当的选择在于"度"的把握，"执其两端，用其中"①。因此，城市规划中恰当的"守与从"依赖于职业实践中的良好修炼。

③做与说

对城市规划而言，就是专业的书（图）面表达与口头表达的专业能力体现。做好城市规划是一个称职的规划师的本分，但只是"称职"的必要条件；不但能够做好而且能够"说好"城市规划，是一个城市规划师应当力求兼备的比较全面的专业素质。

因为公共性特点，城市规划必须与全社会各种群体交流，包括规划任务的具体发起者、评论者、决策者、实施者、相关者、社会公众等，其中有城市规划专业人员，也有熟悉城市规划或只是一般性了解、知道城市规划的其他人员，同时不同对象、不同群体、不同场合的关

---

① 见《中庸》第六章。

注点和接受信息的方式很可能大不相同。应当根据城市规划具体交流对象的特点，选择相宜的交流内容、重点和方式，一份专卖式PPT的介绍不能适应交流对象和交流目的的多样性。

④岗与级

岗与级指岗位责任与层级责任。岗位是为完成某项任务而设立的，岗位责任是一个岗位所需要完成的工作内容以及应当承担的责任范围。层级责任本质上也是岗位责任的一种，重在上、下级岗位之间的职责区分。就基本逻辑而言，如果没有责任，岗位就没有存在的必要；如果职责不分，层级就只是一种待遇，而没有工作组织的实质意义和作用。因此要对岗位的相关职责和任务进行明确区分，正确处理好岗位、层级与责任的关系。

城市规划类别丰富、层次众多，因为其综合性、层次性等特点，涉及专业问题更为庞杂，各个岗位分别都有相应的责任。不应把专业性责任都归集到综合性岗位，也不应把下层次责任归集为上层次责任。城市规划的岗位责任类别有资料性、技术性、操作性、决策性等不同分工，各类分工之间可以协作、合作，但应当各负其责，技术性责任不应因为行政性原因而免除，操作性责任也不应因为决策性原因而豁免。每一层级都是一种岗位，需要明确各级责任，各负其责，双向避免层级之间的越权。就像十字路口的交通警岗位，管的是交通行为，而不是管人，不存在级别高低问题。对此，中国传统文化称之为"忠"——忠于职守。处理好岗与级的关系是团队协同、提高城市规划质量的重要条件。

2. 关于城市规划的系统思维

笔者任江苏省建设委员会城市规划处处长之初，分管领导针对我的不足，建议我"要有系统思维的观念，学点辩证法"，使我至今受益。

钱学森先生认为：系统是由相互作用、相互依赖的若干部分结合而成的、具有特定功能的有机整体，而且这个有机整体又是它从属的更大系统的组成部分。

一般系统有三个基本特性：一是多元、差异的统一（协调）性，二是各组成部分之间相互依存、作用、制约的相关性，三是功能的整体性。城市就是由各种各样的要素组成、各种各样的因素生成的整体统一协调、相互关联作用、不断发展变化的复合巨系统。针对其系统性、综合性、整体性特点，系统思维是一种非常适合城市规划的方法。

按照系统思维方法，也可以把城市规划具体对象作为一个系统，抽象为元素、关系和功能三种基本特征要素，对其各方面的联系与特点进行系统性的分析、解读；通过科学抽象和正确定位，把庞大整体的重点、复杂全局的要点提炼形成清晰的结构、功能，以便于进行规划应对。其中，始终保持整体性、全局性是系统思维的核心，及时准确抓住重点、要点是系统思维的关键。

（1）城市规划系统思维的两个基础、三个层次

城市规划通常采用的系统思维方法可以分为两个基础、三个层次。

两个基础是整体性的视野、全局性的胸怀，在此基础上进行三个层次的思考。缺乏整体性、全局性的基础，系统思维就难有用长之地，难以达到系统思维的效果。通常说的"钻牛角尖"就是缺乏系统思维的一种典型现象。

三个层次是结构、功能、要素。结构层次，考虑系统内部结构的合理性、系统之间结构的相容性；功能层次，考虑促进实现和利用系统的最佳状态，保持相关系统之间的合理匹配度；要素层次，考虑系统最佳状态下所需要素的内容、规模、特质、关联等，使所需要素齐备，所有要素的作用得到合理发挥、利用。三个层次的考虑都不能脱离整体性、全局性基础，其中，结构层次和功能层次视实际情况需要可以互为先后、协调平衡。

城市规划系统思维需要清晰判别和重点把握好规划要素的相关性、规划系统的概念与类别、系统的内外连通性三个基本方面。

（2）城市规划要素的相关性

相关性指规划要素之间的相互影响，按其与城市规划的关系特点，可以分为直接影响和间接影响、确定影响和弹性影响等不同类型。其中，明确需要通过城市规划调控的属于直接影响，进行调控时需要考虑的属于间接影响；有明确的标准、规则或有客观规律可依据的是确定影响，此外的就是弹性影响。这些影响有确定的规划要素主体，并随主体的改变而变化。

例如，人口规模与用地规模是直接影响，并因为人均用地指标而影响作用确定；产业结构门类于用地规模有直接影响，地均产出效率则是间接影响，因为地均产出效率的变化影响弹性；外向型加工制造业因其产品出口的特性，直接影响城市人均建设用地指标的传统测算依据；产业的现代化水平直接影响就业岗位规模和人均用地指标，就业人口的消费特点直接影响相关服务业，城市交通组织、公共设施布局直接影响地价，规划实施时序对市场变化、发展方向具有影响，等等。反之，如果先行确定用地规模和人均用地指标、地均产出效率，就会对相关生产、发展要素起到倒逼的作用。如果采用这种策略，倒逼的目标可达性、路径可行性就必然成为影响城市规划是否可行的关键因素。

因此，需要清晰梳理、判别相关性的特点，以合理确定相关范围。一般情况下，直接影响、确定影响应当纳入相关范围，间接影响根据其重要性进行取舍，弹性影响常常是为了进一步完善和提高城市规划的科学性、可行性而需要专门研究的对象。

（3）城市规划的系统概念与类别

系统概念包括系统组成的结构和功能，即系统的作用特点、纵横向关系、系统范围等；有思维方法的抽象系统，也有应用的具体系统。城市是复合巨系统，城市规划是其中以空间资源配置为主要任务的具体应用系统，这个系统主要是城市巨系统的一个层面，不是其中的某一块，因此也决定了城市规划的整体性和全面性的内涵。既然是系统，就存在系统关系，需要运用系统方法，"庖丁解牛"就是建立在对系统的相关性、差异性认识的基础之上。

从系统的技术特点角度，城市规划内部的系统可以分为两类四种：以主体关系分类，有整体系统、局部系统；以功能目标分类，有综合系统、专业系统。根据城市规划的不同任务，具体应用中则有整体综合、整体专业、局部综合、局部专业等不同组合，各有系统特点，经常灵活搭配、组合运用。

整体综合系统，一般侧重于解决主导性、全局性、整体性、本体的独立性和外部的开放性等方面的问题，多用于城市、镇、独立工矿区等总体规划、一级行政主体的区域规划。

整体专业系统，一般侧重于解决配合性、专门性问题，同时具有本领域的主体独立性和外部灵活性，通常用于总体规划、区域规划中的各项专业规划，以及专业部门的行业发展规划。

局部综合系统，广义而言，所有的主体都是更高层次系统的一个局部；此处"局部"专指同一个城市空间主体的一部分。因为城市空间紧密相连，"局部"就具有主体性和非主体性的双重特点。主体性需要解决"局部"的相对独立性、完整性和特殊性问题，非主体性要求加强与全局系统的相关统筹协调，特别是局部系统的外部衔接性。局部综合系统是城市规划中应用最广泛、实用中最重要的系统类型，无论分区、地段、地块的规划，还是城市规划的具体实施项目，都属于局部综合系统。

局部专业系统，同时从属于局部综合系统和整体专业系统，相应解决配合性、专门性、相对独立、特殊性和外部衔接等问题，常用于分区、地段、地块的专业规划和规划实施。

（4）城市规划系统的连通性

连通性是系统是否健康、高效的重要标志，系统的多元统一、相依相关、功能整体这三个基本特性都意味着连通，都需要连通，都离不开连通。自古我国中医就有"通则不痛，痛则不通"的人体系统健康理念，城市道路交通、市政基础设施等系统更是具体、形象的连通。城市规划系统的连通性可以分别用连通对象、连通方式和连通的程度与效率进行分析、衡量。

连通对象有相关的系统内部要素和外部系统，重在对相关必要性的判别。"直接相关"和"显性相关"容易明确，例如人口与用地相关、道路与布局相关。"间接相关"和"隐性相关"需要关注逻辑分析，例如人口通过消费特点与服务需求相关，道路通过用地功能与交通需求相关。"特殊相关"是个性的基础，例如与某地、某朝、某人、某事相关，因地制宜、因时制宜、因人制宜都是一种特殊相关。"设定相关"既是一种标准规范，也可以是探索创新的手段，这取决于"相关"为什么设定和如何设定。

连通方式可有多种。"空间性连通"如物体、空间的连通，也是最基本的"直接""显性连通"；在城市规划图纸尤其是微观类和交通市政类的规划图纸中是普遍的基本存在。"非空间性连通"如功能、作用的连通，一般是"间接连通"，在城市规划文本中是普遍的基本存在，例如通常以内容和规模表述其功能和作用，需要注意内容、规模能否发挥规划功能、起到预期作用。"意境性连通"如风貌、风格、指向、意向，此类连通范围广泛、作用灵活；"意"有其向，"境"有其界，重在对于"意"的巧妙运用及其"境"的恰当范围确定。

连通程度与效率，是系统生命力的体现。局部不通，局部受阻；中枢不通，要害有病。各个环节都连通，连得牢靠，通得顺畅，系统生命力才旺盛，城市与人的生命力系统则相同此理。例如，人口规模、用地规模、用地功能、市场需求、用地效率、产业层次、职业岗位、技能需求、人才汇聚等，都是城市用地系统的相关要素；如果只论人口、用地和功能、布局，忽视市场需求、产业层次、就业人员技能等相关特点，就有可能一环不通，规模落空，一环不牢，布局易调。

连通性的关键是整体统一、全局协调，特别是横向的协调统一。城市规划中，系统自身的整体统一是基本需要，因为系统内部的相关性强且直接，同时多是同一责任主体，因此相对容易做到。反之，系统之间横向协调的相关性常常间接而隐，且因为相关方一般多是不同责任主体而少有共同的刚性要求，因此，从全局角度进行横向协调更需关注。

3. 关于城市规划的辩证法

辩证法是关于自然、人类社会和思维发展的最一般规律的科学，自然、社会发展思维就是城市规划的基本思维；是关于普遍联系的科学，包括联系、运动、矛盾、否定及其之间的联系，如前文所述的"系统思维"本身也需要辩证的方法。

辩证法是一个庞大的思维认识方法体系，其中的"五对范畴""三大规律"等基本认识都是人类文明的宝贵结晶，其应用几乎无处不在，城市规划当然概莫能外。

（1）对"五对范畴"的认识

辩证法的五对范畴包括：形式和内容、原因和结果、现象和本质、必然性和偶然性、可能性和现实性，用于说明、理解"联系"——事物内部要素之间和事物之间的相互影响、相互依赖和相互作用。城市是一个普遍联系的统一整体，有多种多样的联系方式；对于具体的城市规划任务，以规划任务的城市空间为基础，可以抽象为认识、研究、确定、表述这些联系。

①形式和内容的联系

形式和内容的联系是必然存在的基本联系，不存在没有形式的内容，也不存在没有内容的形式；所谓"空洞无物"很可能只是说明该形式和本应表达的内容不合，例如碎石用来砌墙不行，用于铺路则很好，混凝土也不可或缺，因此需要形式与内容的统一。城市规划中关注的形式和内容的联系通常有以下几种。

表述形式和表达内容的关系。例如文本、说明书、研究报告等需要不同的表述体裁，法定图则和规划图、分析示意图各有不同的表述方式要求，资料、统计、专门意图等有不同的表格结构。

表述形式和表达内容的刚性、弹性的关系。自然科学类和其他类，规范规则类、习惯类和规划设定类，定位类、定向类和区间类等，众多特性不同的内容各有相宜的表达形式。下划线在城市规划中表示强制性内容即是，也只是一种常用的简单直白的约定形式。

表述形式和表达内容的系列性、层次性的关系。综合、专业、专项等不同系列，宏观、中观、微观等不同层次，各自的内容和任务、要求往往区别较大，规划成果应当能够鲜明地体现出城市规划的类别、层级特点。

城市规划的具体内容各异，表述形式应当跟随内容、辅助内容，能够准确表达内容，便于体现意图特点。体裁不随欠得体，刚弹不随会失当，系列不随说不准，层次不随难说清。

②原因和结果的联系

原因和结果的联系，泛泛而谈可以大概理解为因果关系，因果关系也是一种普遍存在。"导向"问题就是城市规划中最普遍、最重要的原因与结果的联系之一。

例如几乎是规划格言的问题导向、目标导向，还有优势导向、潜力导向、市场导向、创新导向、更新导向、绿色导向、智慧导向等，只要选择作为规划的导向，就都需要打通这些"原因"与结果的逻辑关系，使"因"生出"果"来。

导向是"原因"，规划结论是"结果"，联系就包括其间的目标、路径、措施，特别需要关注导向与目标、路径、措施直至结果的相关性、系统性、连通性；不能只有"导向"这个词，而看不到这个导向发挥的作用。城市的很多关联都是客观存在，城市规划需要正确、准确认识。但建立主观联系才是城市规划最重要的任务，需要在正确、准确认识的基础上，充分合理地顺应和利用客观关联，建立主观联系，并关注主观的客观效果，使主观联系和客观关联融合成一个有机的整体。

③现象和本质的联系

辩证法认为现象是个别的、具体的、多样的，本质是同类现象中一般的、共同的东西。现象是多变的、易逝的，本质是相对平静和稳定的。城市规划需要运用这种认识，特别是对"本质"如何运用；既要通过现象认清本质，更要把对"本质"的认识恰当地落实在具体"现象"中，而不应仅仅把本质作为抽象的空洞口号。

例如，"什么是城市规划"主要关注现象，"城市规划是什么"应当研究本质。"以人为本"是抽象的本质，在具体规划中需要解决该规划以谁为本、以什么需求为本、如何为本的问题；"因地制宜"也是抽象的本质，在具体规划中需要清楚认识此"地"的定义是地理区位、经济区位还是发展区位，是地形、地貌、地质还是地产、乡土风情，以及制什么宜、如何制宜等。

④必然性和偶然性的联系

必然性和偶然性的联系对正确地认识过去、分析现状和预测、预期未来都非常重要。必然性是已经认清的，例如月亮绕地球公转、地球绕太阳公转；偶然性意为偶发、突发，偶发属于已经发现但未认清的，突发基本都是未认识的，例如从柯伊伯带或其他星系飞来的流星、彗星。必然性与偶然性也是对立的统一整体，随认识从无到有、从少到多的量变积累而产生质变，认清其原因、概率、规律，偶然性就成了必然性。

城市整体现状是形成的必然，但其中也有可能是偶然形成或有偶然因素；形成的长期性是必然，短期性就有可能是偶然；长期的防灾是针对偶然，灾后重建就是一种必然；社会文化、家庭的经济状况和人口结构对于居住文化的形成是一种必然，古宅的物质遗存就是偶然。反之，因为认识的局限性，预测、预期的长期中可能出现很多偶然性，短期内的必然性则往往比较清晰。

城市规划需要通过对认识的拓宽、深入和加强，努力追求最大、最佳的必然性，趋利避害地及时避免、防范、化解和灵活运用偶然性的作用。城市规划编制阶段主要是避免和防范偶然性的不良影响，保持恰当的弹性，备好必要的预案；城市规划实施阶段主要是化解偶然性的不利因素，合理、灵活利用偶然性的积极影响。

⑤可能性和现实性的联系

可能性和现实性的联系，本质上是同一主体、同时存在的多样性的一种关系，是现实性和其他可能的现实性的关系，不是已经形成的事实和未成为事实的可能之间的关系。一般来说，可能性和现实性的基本逻辑都有实现的可能，现实性也许更强一些，而某些可能性往往结果更好一些，因为如果现实性已经足够好，就没有必要再追求可能性，而是在某些情况下需要防范负面的可能性。二者的主要区别在于实现各自逻辑所需要的相关条件，相关条件对逻辑支撑可靠的就是现实性，对逻辑支撑还需要加强的就是可能性，逻辑实现得不到基本支持的则应归于不可能。

可能性与现实性的联系在城市规划中是一种选择关系，常用领域可见前文对城市规划基本特点的分析，对联系的把握是"选择能力"的体现。城市规划的责任不仅是比选可能性和现实性本身，更重要的是比选可能性与现实性的各自实现条件。总体而言，规划编制的远期、规划实施的前期宜多考虑各种可能性，尽量趋利避害；编制的近期、实施的行动期应加强现实性，规划实施必须立足现实，努力争取最佳效果。

（2）对"三大规律"的认识

对立统一、量变质变、否定之否定是辩证法的三大规律，都是讲发展的，城市规划特别是城市规划制定和实施就是基于发展的工作，辩证法正是城市规划十分需要的思想方法。

例如，对于城市发展的优劣势，利用对立统一规律的认识，整体分析规划任务的系统内部和相关外部的优劣相对、优劣利弊的对立统一，系统内部优劣的转化与利弊的不同利用策略，明确转化的条件，确定利用的渠道和方式。把发展滞后的劣势转化为发展成本优势，市场的密度、强度的劣势转化为资源环境和特色优势，偏远交通不便的劣势转化为休闲度假旅游优势，等等，改革开放以来的快速发展充分显示了运用对立统一规律的效果。面对阴影，转身就是阳光，角度改变观念。

又如，在对城市发展或规划实施进程，特别是对中长期的考量中，按照量变质变规律的认识，就需要对有关量的变化引起的转变、带来的提升和跨越等，同时进行预测、预判，及时提出升级或转型的预期，而不能仅仅关注量的惯性变化。例如，随着人均收入增长，一旦解决了人们的温饱等基本问题，就会迎来住房、交通、休憩、娱乐等多方面的新需求，这些新需求将改变住宅的平面和造型，改变道路的截面和系统网络，改变人们下班就回家的传统习惯而转向文教健娱等公共设施。这些需求一旦满足，投融资、创业创新等相关的新需求又可能普遍出现。正确认识、掌握和灵活运用好量变质变规律，是突破城市规划中的惯性思维以及在规划期限中经常发生的线性思维、及时引导城市发展升级转型、不断创新进取的重要思想方法。

否定之否定规律揭示了事物发展的前进性与曲折性的统一关系和运动轨迹。城市的发展始终处于不断前进、不断完善、不断淘汰、不断提升的动态。所谓动态就包含了对动态前的否定成分，没有动态也就没有了城市的发展。

对城市规划进行合理、必要、适时的调整、修编，特别是对历史文化的保护、对城市的更新，都存在否定之否定规律的体现。没有否定就没有进步，没有否定之否定就不能持续进步；但否定不是简单、随意的改变，而是首先要谨慎确定否定的必要性，保证改变的合理性，努力避免片面性，正确扬弃过去，全面继往开来。

第四部分　漫步问题
——对几个问题（概念）的认识

城市规划领域犹如浩瀚林海，漫步其中，风景无限，问题不断；探索不停，体验不止。现就城市规划中的几个常见关系——城乡关系、古今关系、新旧关系、导向关系等，逐一探讨。

一、城市规划中的城乡关系

城市规划作为一个专业或行业的名词，其广义内容可以包括城市规划和乡村规划。这两个规划之间的区别，打个不甚恰当的比方，就如清蒸鱼、红烧肉，食材的生长环境不同，厨艺的具体要求各异，但成果都是人们的菜品，同一个厨师就可以胜任，当然绝不可以用相同的烹饪工艺和佐料。厨师也可以选择某种食品作为自己的专营品牌，乃至专门经营"鱼餐馆""牛肉馆""素餐馆"，但其都属于餐饮行业、烹饪专业、厨师职业是毋庸置疑的。

城市和乡村的内涵、环境有很多区别，但其规划都是居民点规划，所需要的宜居宜业等基本原则、目标和规划科学基本原理是相同的。在具体规划工作中，需要清晰区分城乡的异同关系，以因应各自的特质规律和需求，保育各自的功能和特色，形成城乡协调的整体人居环境。在城市已经成为经济主流、技术主导的时代背景下，更需要特别关注、顺应乡村的特点和发展需求，使城乡各具特色、协同发展，避免城乡风貌清一色或乡村的活力衰退、文化消亡。

1. 城乡何来

众所周知，种植业使人类有了定居的条件和需求，进而产生了村庄型居民点；制作、制造和商贸等活动的更大量的集聚产生了城市型居民点，这是从产业结构角度观察城乡居民点与一、二、三次产业的关系。这种划分的逻辑依据是产业的特点，是产业与空间的联系特点，也是城乡区分的基础性角度和根本特点。

生存安全是人类繁衍、发展的基本需要，防卫就成了居民点的基本需求。在生产力不能满足普遍需求的条件下，需求中效率高、获取能力强的部分优先得到满足；"筑城以卫君，造郭以守民"，城和乡从此有了空间分界。

城乡之间空间交叉、功能交互的地带称为"郊"。春秋时代常以城市人口所需粮食的种植面积确定郊区范围。从防卫的角度，等级得到体现；从生产生活的角度，功能得以分区。

社会管理的基本责任是保持社会运行安全、有序和稳定，行政区划是古今中外社会管理的一个通用方式，区划系统中的城乡关系因国家的规模、文化、制度、管理理念等具体国情而各有特点，并随时代的发展、国情的变化而演变。

当前的城和乡的定义、城乡关系，是社会管理根据发展和变化不断调整、优化的产物，并且必将持续演变。例如，城市化策略方面，从乡村哺育城市、支持城市，到城乡统筹、城市反哺乡村；产业方面，乡村企业的发展早已冲破了以产业区分城乡的千年律条，以现代化高层建筑为养殖楼、种植楼等史无前例的新事物、新景观也已经出现，六次产业的发展使一、二、三次产业的空间无缝衔接，互联网压缩了城乡的等级层次，休闲度假旅游业要求城乡像夫妇似的和而不同；社会管理方面，村民主体、村民自治，户籍管理不断改革，职住关系多样化，等等传统的乡村定义、城乡关系急需重新审视。

城市规划需要因地制宜，统筹产业功能的传统性和现代性、区划管理的历史性与现实性，拓展和充实实践领域的内涵；需要因时制宜，展望和顺应未来文明趋势，以明确"城""乡"定义为基础，优化、创新规划理论，引领城乡现代化协同发展。

2. 城乡何名

自古以来城市早就纳入了规范管理，"城"是通名，分级如都城、府城、州城、县城，各自再冠以专用名。"镇"多起于军事防卫、驻军镇守，明清时已普遍成为以非农人口和产业为主的城市类居民点。镇基本不筑城墙，城关镇即县城。相关资料都反映了我国自周朝以来古代城市名称的意义区别主要依据其等级定位，同时也可以反映出城市的主要功能和规模的级差。

村庄的名称一般不纳入社会管理、不分等级，基本都是当地先民的历史传承，其作为村的"通名"部分的定名因素多样，来源五花八门。源于地貌方面的最多且悠久，如墩、沟、湾、嘴、山、崖、岗、坡、桥、圩、围、坝等；源于防卫方面的有寨、屯、堡、楼、营等；源于交通商贸方面的如埠、铺、集、庄、店、窖、亭等；源于祭祀、宗教方面的有堂、祠、庙、寺等，不一而足。村名基本都反映了该村的一种基本特点，尤其是地貌方面的特点往往经久不变，祭祀方面更具有特定的人文色彩。现代管理把村庄分为建制村和自然村，但不直接涉及村名的改变。在城市化的过程中，由于城市空间的拓展、就业的吸引、现代各类设施的配套和管理、文化观念的演变，村庄消失、合并或更名等现象屡见不鲜。

3. 功能内涵

作为居民点，城市和村庄都有生活、生产、交通、休憩四大基本功能，所谓"麻雀虽小、五脏俱全"。其区别主要是功能的综合性与专一性、功能的大小和影响力，其中影响力最为关键，是城乡活力的标志性要素。由于规模的现实区别，村庄的影响力不在于综合或专一，也不仅在于功能本身的大小，而取决于功能作用的稀缺性和不可替代性。随着城市化持续推进，乡村的稀缺性和不可替代性的作用将益发显现，村庄规划很可能成为城市规划理论和实践中的一个重要专门领域，类似烹饪中分为白案、红案。

城乡居民点的内涵中，有一些必须关注的区别。例如，地权方面，城市用地属国有，乡村土地属于农民集体所有，土地所有权的区别使城乡规划建设的实施渠道、建设资金来源和组织方式等产生很多差异；管理和技术方面，城市通行制度化、标准化，乡村主要是村民自治，多有乡规民约和地方习俗、习惯做法，而这些正是乡村文化、村庄特色及其得以形成的重要组成部分。城市规划需要正视这些区别和特点，在乡村规划中妥善把握好城乡各自特色的关系。

各种内涵中，生活生产功能始终是根本。只有良好的环境或景观而缺乏就地发展致富机会的不是有活力的村庄，充其量只是一个旅游点；只有老弱妇孺留居的甚至都算不上是具有正常生命力的村庄。村民家庭正常的生活居住和跟得上时代的生产发展是乡村规划首先应当考虑和保障的，发展机会、岗位规模、就业技能和劳均收入是村庄规划应当重视并正确测算的基本内容。

4.产业特点

历史上产业从来就是区分城乡的主要标准。农业直接利用土地进行生产，并直接收获产品，一般包括农、林、渔、畜牧和采集业；职业从事农业的称为农民，农民聚居地域称为农村，简称村、村庄等。这样的区分依据生产、产出与土地的直接关系以及生产者与职业的专属关系，加之由此而带来交通运输需求等方面的区别，自有城乡之分以来直至城镇化率达到50%以前未曾大变。

时至今天，石头上种植，高楼里养殖，乡村中各种隐形冠军如雨后春笋长势正旺，产业门类、层次和生产技术水平已不可同日而语，六次产业、设施农业、旅游业、创新产业、创意产业等的发展，已使得城乡的产业门类内涵趋势各自扩展、相互融合、难解难分。乡村产业的发展也将直接影响村民的组成和内涵。

海量的乡村星罗棋布于各种各样的地质地貌和资源环境区域，一些乡村之间发展条件的差别甚至大于城乡差别。尤其在过去几十年各地城镇化进程的不同动态影响下，经过乡村自身的发展演变，其发展资源、地理区域、经济区位，产业的结构、门类、层次，发展的阶段、方向、方式等诸多方面出现了比城市之间区别更大、更加多样化的各种乡情、村情，传统的农业型、工业型、商贸型、交通型分类已经不能适应当前的乡村发展特点，"因地制宜"已经成为当前乡村规划建设特别关键的基本原则。

城市规划需要顺应趋势，因时制宜地定义城乡的功能内涵；优化、完善以产业结构分城乡的传统观念，因地制宜选择产业的具体门类和层次，筹划发展路径。尤其应关注：交通的时空与线上的集约性，实体经济与数字产业的关系，生产空间均布与市场空间集聚、虚拟空间的关系，生态、人文环境与研发、创新环境的关系，产业、就业与技能的关系，规范性与灵活性的关系，居住与就业的关系等，为构建中国特色的新型城乡关系提供空间规划的支撑和引导。

5. 社会地位

社会是一个命运共同体。从区域角度，城乡是一体的；从城乡角度，自古以来、迄今仍然分为城、乡两大部分。尽管城市已经发展成为社会的主体部分，且将继续增大，但只要承认人是平等的，城市和乡村的社会主体地位就是平等的，不会因为人口占比的大小而改变。城市是市民的家园，乡村同理也是村民的家园，而不是城市的后花园，也不是社会的托儿所、养老院。因其自生属性，城市在总体上处于主导地位，理应对城乡命运共同体的健康、公正、和谐承担更大的责任。

从城市规划的责任角度，要按照市民的需求规划城市，也要按照村民的需求规划村庄，而不是按照游客的需要，或过多顾及市民的愿望而规划村庄。村庄对城市的服务，应当建立在与村庄利益、村民利益公平协调，城乡共同发展的基础上。

尽管城乡的社会主体地位是平等的，但社会关系多有不同。城市规划特别需要关注的是，在技术系统和管理系统方面，乡村与城市有较多区别。现行技术系统是以城市为对象，或主要对象而建立的，其中属于自然科学基础原理、规律的部分，城乡都基本适用；其他部分如某些主要适用于城市的规则，在用于乡村时，可能需要从乡村主体的角度进行反思、调整和必要补充，以适应乡村应用。在管理系统方面，不同于城市建设的统一开发、集中建设、制度全面、行为规范，村庄规划的建设实施，除了公共性工程，实施主体往往是村民个人，具有组织随机性、主体多样性、地方习惯性等行为特点；如何因势利导、因地制宜，设置并坚守工程质量安全、资源环境保护等底线，需要认真关注和应对。发展机会、发展路径、资源利用，劳动力技能与岗位需求关系、发展目标与发展能力的协调匹配，更是村庄规划可行性的重要保障。

6. 空间特点

从城市规划角度，空间可以分为两个基本层次：区域空间层次和城乡居民点空间层次。

区域空间各有自然特点，除非发生重大自然现象不会突变，一般也不宜、不能人为改变。人类的所有行为都是非自然的，都会对自然产生影响；包括保护、修复的行为也是非自然的，是对已经发生过的非自然行为的补偿、补救，或对自然的一种主观性帮助。影响作用有显隐、大小、快慢、利害之别，从这个角度理解，也可根据需要，以人与自然和谐为底线，审慎地改变不利于人而又难以克服、无法避让的某些局部的自然条件。

在顺应、利用区域空间自然特点的基础上，各类、各级居民点的布点建构区域空间关系，城镇体系规划则用以筹划和引导区域空间关系。其中，一产资源的密度、强度和品质，人口密度、居民点密度，产业的结构、门类、层次，交通条件等，都是对城镇化方针策略和城镇体系空间布局结构进行选择时必不可少的基本要素。当前施行的易地扶贫搬迁，将生活在缺乏生存条件地区的贫困人口搬迁安置到其他地区，并通过改善安置区的生产生活条件、调整经济结构和拓展增收渠道，帮助搬迁人口摆脱贫困，就是顺应自然的重要规划战略和公共政策。

城乡居民点空间层次，有两个方面的基本特点的区别，形成了城市和乡村各自的主要空间个性。

交通特点方面，包括交通流量与交通方式、路网等级与道路尺度、交通速度与道路线形等，在因应水网、山地等自然地形地貌的基础上，统筹交通运输的必要性和经济性，乡村多是顺应利用，城市常常是有条件利用。尤其对于占中国国土面积绝大部分的山区和水乡来说，乡村道路的主要特点简单讲就是：自然弯曲小尺度，因山就势、循水而行。

视觉感受方面，如体量、绿植、界线、界面等，城乡具有显著的区别。体量是城乡区别的第一要素，除了集聚规模差异的影响因素，统一开发、集中建设的方式使城市的建筑体量及其与城市本身更容易协调，而局部重点和公共设施集中建设、住宅自建两种基本方式形成的建筑物和空间体量，使村庄自身的空间协调成为需要关注的重点。中国的祠堂和西方的教堂是传统村庄的核心和体量最大的建筑，现代村庄的核心和中心建筑的要素则有更加复杂多样的确定因素。绿植品种的观赏性和经济性，绿植布局的公园式、廊道式和四旁（宅旁、村旁、路旁、水旁）绿化，高楼群中重视绿地率和低层建筑更趋向绿化覆盖率等，以及空间界线的长短、曲直，宅基地权、个人意愿和地方习俗等对线形平直度的影响，空间界面的虚实比例、材质等，城乡空间都有各自的本然属性特点。城市规划应为乡村服务，同时必须关注区分城与乡的不同本质特性，避免把城市的"大象"放进乡村的"瓷器店"。

7.动态关系

　　动态关系主要考虑两个方面：城镇化的市场动态、政策动态。城市在两个动态中都处于主导地位，理想目标是不断缩小城乡经济社会发展差距，保持城市主导下的城乡发展水平动态平衡。

　　城镇化的市场动态，需要考量人口的流向与流量、阶段平衡值、稳定值等。按常住人口计算，2021年我国城镇化率已近65%。根据一般经验，城市户籍人口达到70%才能进入城镇化的相对稳定期，并随城市影响区域的人均耕地规模而动态不同。人均耕地少而劳均耕地规模大意味着更大比重的人口需要进入城镇，因此劳均耕地规模、产业尤其是一产的具体门类和机械化能力、现代化水平、村庄内涵的规定等，都对城镇化的市场动态产生直接影响。

　　城镇化的市场动态反映了城乡居民人口的比重变化，同时也体现出区域和城市的城乡居民点的比例、结构和布点的稳定性，包括城乡功能的动态稳定、居住地的动态稳定。城市规划需要瞄准城镇化的市场动态，统筹区域的生态、交通等空间结构，引导城乡居民点的布点空间动态平衡。

　　城镇化的政策动态，指专门用于调节城乡关系的政策（如集聚、反哺、互补、一体等）的变化，各种政策都有对市场的帮助、促进或矫正作用，各有针对的主体和相宜的适用情况。

　　城镇化政策的动态，在城市规划中有三个方面的着重体现。

　　一是城镇化的阶段性特点，主要通过引导农村人口的流向、流量来衡量、把握；不同发展阶段、相应条件下的流向、流量各有需求。

　　二是城乡发展水平的协调性，主要考量、调节城乡就业机会和人均收入的差距；收入的差距是流动的基本动力，但差距过大也会使得社会公平失衡；就业岗位特点和生活方式的差别也是流动的动力，城市规划需要妥善控制和利用差距，积极创造和利用差别。

　　三是城乡关系的和谐性，城乡一体化特别是基本公共服务均等化的水平可以作为和谐性的刻度。公共服务需要相关服务设施的建设和运行、维护，城乡居民点的布点及其规模、功能如何有利生产、方便生活，同时又能合理地降低建设和运行、维护成本，提高效率、集约经营，是城市规划在引导城乡空间健康发展、促进城乡社会公正公平中必须统筹协调的重要任务。

城镇化的空间政策导向，在城市规划中有三个方面需要关注。

一是导向的集约性。无论城乡，都应重视有利于生产和基本公共服务配套的合理规模效应，作为人口的空间转移和设施的空间配置的重要依据。不具备合理的规模效应，即使设施建设了也必将使其后的运行和维护问题复杂化，甚至难以达到建设目标。当然，集约性需要因地制宜地考虑自然人文资源等基本特点。

二是导向的层次性。层次分明是系统健康活力的体现，要合理利用、发挥雁阵效应，也要重视、正视头雁作用。人口和资源的密度、产业门类和层次的特点，是规划城乡居民点空间层次的客观依据。

三是导向的选择性。城乡主体平等、各有所长，应尊重人们的自我意愿，遵循市场的客观规律。同时，应合理发挥交通和公共服务等设施空间布局的引导作用，统筹促进规模集聚、自然资源和生态、文化保护等规划目标的实现。

归根到底，城乡关系是相互依托、相互帮助、相得益彰、共同发展的命运共同体关系，城市规划必须把乡村的振兴和繁荣、村民的发展和富裕放在乡村规划的首要位置、根本位置，一切环境景观、空间技术艺术都必须为村民的根本利益服务。

二、城市规划中的古今关系——历史文化保护

城市规划的空间全覆盖、时间重未来的特点，决定了应把处理好古今关系归为城市规划的基本任务之一。从人类文明角度，古今关系是文明演进的轨迹，昭示了"我从哪里来"，揭示着"我到哪里去"，

如何处理古今关系也可以标示"我是谁"。从资源利用角度，各种文化遗存、传承与自然山水、森林、大气一样，都是历史的客观传承，都有保护的需要、利用的价值。对自然和人文的保护只是各自具体的作用、要求和标准、做法不同而已。对城市规划中的古今关系可以有以下几点基本认识。

1. 保护历史文化的意义和作用

历史文化的意义的组成，首先在其社会方面的历史、文化价值和专业方面的科学价值。考察各级文物保护单位主要对这三种价值进行评价，以确定其历史文化意义，并结合遗存质量确定其等级，通过文物保护法律法规进行保护管理规范。

非等级文物的历史、文化和科学价值一般都低于等级文物。但有别于等级文物，非等级文物的意义的组成，除了以上三种价值外，在城市规划中，还应包括其对于当代所具有的观赏价值、利用价值和经济价值。其中观赏价值也是利用价值的一种，利用价值就是经济价值的功能性体现。

例如一座古代碑刻，在室内和院子里只属于文物保护的责任范围，如果直接在城市空间中就也属于城市规划的责任。城市规划保护历史文化的责任，主要是以与城乡居民点空间直接相关为范围界定，按照城乡规划法律法规规定的责任和内容保护物质文化遗存，为相关非物质文化提供空间载体，引导对于所有相关历史文化的活化利用与传承。

意义用于定性，可以感知意义是否重大，但一般"无法计算"；作用是价值的体现，通常比较具体，尤其作用的经济价值可以定量表达。等级文物的保护基本属于政府职责，重在意义和公益作用，公共财政负责，对经济类价值的作用不太敏感。城市规划的发展性任务和综合性特点，决定其保护历史文化需要统筹历史保护与当代发展、协调公共利益与市场等其他利益的关系。特别是城市规划中历史文化保护的实施，因通常存在与产权、居住权、使用权相关的多种利益关系，市场因素复杂，因此绕不过利用价值、经济价值这道坎。

总体、抽象地来说，历史文化的作用以历史、文化、科学和观赏、利用、经济等价值体现。这些价值中有的只能定性体现，有的可以定量衡量。具体区分，一个历史文化遗存的价值，有单项与多项、综合等价值组成的区别，也常有价值数量的差别。

因此，在城市规划中不应仅仅表层化、概念化对待"保护历史文化"，既不能遇旧即拆，也不宜逢古必保；而要深入分析具体保护对象的意义、作用的实际特点，具体分析价值的量化特点，谋划相宜的科学保护和有效利用措施。特别是在一般性历史街区、传统民居的保护中，更应重视以利用为主的相关价值与经济量化价值之间的良性循环。如果认可这种循环，切实有效的"利用"就可能成为历史街区保护的关键枢纽。早在四十多年前《马丘比丘宪章》即提出"保护、恢复和重新使用现有历史遗址和古建筑，必须同城市建设过程结合，保证这些文物具有经济意义并继续具有生命力"。

2. 保护的本质目标和主要对象

保护对象本体毫无疑问是保护的目标，但不是保护的本质目标，历史文化遗存的本质是其所具有的价值。因此，价值是保护的主要对象，对象本体所具有的历史、文化、科学的价值才是保护的本质目标。同理，在恰当的条件下，观赏、利用、经济等价值也是保护的对象和利用的目标，是保护本体目标的同时应当统筹发挥的作用。

城市规划保护历史文化遗存，不只是简单地保护物质本体遗存，而应有机地统筹协调本体保护与本质保护、价值保护和价值利用，以真为基、以文为魂、以值为重、以用为上，力求避免胶柱鼓瑟、顾此失彼；应见物思义、保物思值，对城市规划主要保护对象的特点更需要保物思用。思义求真、思值应全、思用需活，力争使历史文化遗存的本质和本体都能得到真实性保护，使历史文化的精神和相关价值的作用都能得到良好传承、合理利用。

3. 历史文化的多样性

人类文明的悠久和多样性决定了历史文化的多样性，显而易见的如历史文化的物质、非物质、功能、技艺等多样性，年代、地区、流派、民族等多样性，等级、质量、现状权属的多样性等。从不同的角度出发，多样性之间的关系和作用各有特点。

从城市规划建设角度，有布局结构、道路网络、高度、尺度、风貌等多种要素，其中建筑功能和建筑材料，特别是遗存工程质量的多样性，是历史文化保护中不能不关注的。这些要素伴随专业的多样性，特别是城市规划和建筑学专业，在历史文化保护中各有适宜发挥作用的专业领域。本书对历史文化保护的分析即侧重于建筑学角度，试图提示城市规划保护历史文化的综合考虑范围和专业边界及其衔接。

建筑功能方面，坛庙建筑、宗教建筑，祠堂、戏台、商铺、会馆、作坊、厂房，宫殿、大户豪宅、平民住宅等，各类建筑的功能都是当时社会中不可或缺的有机组成部分；但其现在已成为历史文化遗存，各类建筑的原有功能与现代社会的相融性大不相同，可利用方式和程度也有很大差别，必然会对其保护的策略选择产生不同影响。

建筑材料方面，直接决定建筑物自然寿命的有石、木、砖、金属等结构材料，还有众多的围护、装饰、连接材料。各种材料的自然寿命大不相同，还会受到不同气候地区、不同建筑部位的直接影响。更换一根构件、一组构件、一个房间的构件乃至一座建筑的构件，直接牵涉到如何确定不同材料特点的量变、质变和演变的历史文化保护标准的多样性。

遗存工程质量方面，有建造质量、现状质量。经济强势阶段和强势力量的建造质量通常明显优于弱势的阶段和力量。相比于文艺复兴时期的别墅和资本主义兴旺时期的住宅，半封建半殖民地时期的平民住宅在总体功能和质量方面有显著的差距。宫殿、庙宇、府衙等财力支撑雄厚的建筑建造质量显著高于居住建筑，富商大户的住宅质量也普遍优于其他一般住宅。中国古代舆服制度中还有关于建筑材料等质量的等级规定，有钱人也不能逾制。遗存工程质量随建成时间的增加而自然退化，同时也直接受建造当时的质量、使用过程中的维护或偶然事件的影响。

4. 历史文化相关关系的多样性

历史文化在城市中不是孤立的存在，而是必然受所在城市的相关影响，历史街区和传统民居与所在城市的关系尤其密不可分。例如，传统民居的宜居水平与城市住宅和环境的普遍宜居水平的关系，老城与新区在发展机会、就业岗位收入水平和工作条件方面的比较，少年儿童的生长环境氛围、老人的生活便利条件等，住宅宜居条件、居民就业能力、公共服务水平等共同对历史街区和传统民居的保护利用发挥直接作用。

在人均 GDP 5 万元、10 万元乃至 20 万元等不同发展阶段，在老城和新区发展差距的不同条件下，上述关系出现的问题和居民的诉求有很多、很大的区别。古城、新区经济发展的基本同步，社会功能的正常融入，都是在历史文化保护中应当同时考虑的，仅凭高度控制、视廊等景观风貌保护的良好愿望和不拆旧物的坚决态度不足以有效地保护和利用好历史文化。如果只是游客感兴趣而居民不满意，就有可能使古城和历史文化街区成为没有人愿意主动选择居住的旅游打卡点，而正常的生活居住才是城市和街区的核心文化，保持、传承古城和历史街区的时代活力才是历史文化名城保护的根本目的。

同样，建筑功能的利用还很有可能受到在同一个城市中的历史文化遗存规模的影响，典型的如传统民居，十处、百处乃至几平方公里范围和百万、千万平方米的建筑规模，以及这种遗存的规模与所在城市同类功能规模的比例，其传统功能的现代融入、利用渠道、保护方式的多样性和可行性都不可同日而语，某处古建筑、某个街区保护的成功经验不能机械地套用于古城的保护。一朵花可以插袋，一束花可以插瓶，成片花海只能生长在大地上。"物以稀为贵"和市场容量的客观规律必定会对保护的多样性产生各种程度不等的影响。

5. 历史文化保护选择的多样性——四保

历史文化的多样性需要保护选择的多样性，从多样性选择角度，可以分为应保、能保、必保、选保，简称"四保"。

面对大量非等级文物历史文化遗存的不同质量、相关特点等具体状况，城市规划首先需要考虑的问题不是"怎么保护"，而是"是否进行保护"。不考虑这个问题就给予保护，则是"逢古必保"的机械化、简单化行为。英、法等发达国家重视历史文化保护的经典案例经常被奉为圭臬、用作铜镜，而《资本论》中大量记载、当时公开发表的各种研究报告所陈述和报纸刊登的英、法等国普通工人居住的住宅早已踪迹全无，说明其并未因古即保。衡量是否进行保护，需要按照应保、能保、必保、选保四个方面的考量区别，先弄清楚保护对象的主体要素和保护条件的客观因素，再综合选择确定。

历史是文明的根脉，保护历史文化如同保护自然一样，都是对根脉的保护；历史终成过往，没有未来的历史、没有树冠的根脉都将影响或丧失其存在意义。从这个意义说，"古为今用"应当是历史文化保护目标的基本价值观导向之一。

从宏观角度看，排除各种自然和人为灾害的影响，物质文化的自然耐久性、非物质文化的时代生命力是历史文化能否传承的两个过滤器。城市规划应该尊重这种客观规律，应保、能保而不保，逢古必保、无法保而强保，都不符合这种客观规律，都不是真正尊重历史，而可能被视为只是某个角度的偏好甚至是某个非公共利益的选择。成都市诸葛武侯祠"攻心联"[1]的一句"不审势则宽严皆误"，套用于此处，其中"势"即包括了遗存工程质量态势和时代文化趋势。

---

[1]　云南省剑川县赵藩撰书，1902 年。

何为应保?

首先是遗存的历史文化代表性。从历史演进的角度，保护其代表可使文脉传承，保护得越多脉络越强。贾湖、仰韶、红山、良渚、龙山、三星堆等各时期、各地区历史文化代表的不断发现，使中华民族的远古脉络日益清晰鲜明；北京明清故宫、山东曲阜孔庙、河南登封嵩岳寺塔、山西应县佛宫寺释迦塔、浙江东阳卢宅、福建土楼等历史文化的经典、精华，无不代表着某个历史时期、文化系列、建筑类型的文明，这类具有重要而强烈代表性的历史文化遗存不但"应保"，而且"必保"。

其次是遗存的稀缺性，包括功能、类型、造型、结构、纹饰、工艺等多个方面。多年前某镇曾发现一处明代厕所建筑，据笔者所知国内还没有发现过这类功能的独立古建筑，属于"稀缺""唯一"。但遗憾的是已被整修一新，"稀缺"荡然无存。

历史终成过往，遗存的稀缺程度是"应保"的重要参考，特别稀缺的即是"代表"。稀缺的程度有总体的稀缺性和局部的稀缺性，局部的稀缺随其直接对应或考量范围的空间规模不同而感受各异。也可以说，局部的稀缺性与空间规模呈反向关系，衡量"局部"的空间规模越小，稀缺程度越高，稀缺程度对遗存的影响力和利用价值有直接的影响作用。

从代表性历史文化遗存到不具有历史文化代表性的遗存，对其进行评判的因素及其权重都有较多、较大的差别，评判的结论就可能随之产生多样性。一处古建筑、一段古街、十里长街，一二公顷和十公顷的历史街区，1平方公里和十几乃至数十平方公里的古城，数量级的差别使它们的保护内容和发展的关系客观存在着量变、质变的关系，城市规划不能忽视辩证法的这种客观规律。因此，在局部稀缺性的"应保"中存在着"选保"的可能或必要。选保主要是根据历史文化遗存的现代利用和融入的可能性，对保护内容、保护方式的选择，在一定条件下也包括对保护主体的选择。

何为能保?

此处的"能"与"不能",在物质方面根据遗存质量的工程科学评判,在非物质方面考量遗存文化与现代社会的相融性。任何物质和非物质文化都有生成、消亡的自然规律,工程科学是衡量建、构筑等物质寿命的刚性标准,物质遗存能否保护只能遵循这门科学的评判。社会生活是非物质文化的有机载体,不能融入现代社会生活的非物质文化可以陈列展示、影像展示或档案保存。

对于各类历史文化遗存,能保的应当想方设法尽量保护;遗存本体现状的工程质量确实无法直接保护的,不应使之成为城市现代生活和发展的羁绊。

除了工程技术能保、功能融入社会,经济可行性也是确定历史文化保护对象的重要参考因素,经济可行的重要性与历史文化价值的重要性一般呈反向关系。

应保与能保,各有评价标准和相宜方法,都是古为今用、各有所用,对代表性不强、融入性不佳、现存量很大的物质遗存,尤其需要因物(遗存工程质量)制宜、因时(遗存建造时期)制宜、因地(遗存所在城市)制宜进行评判。

简而言之,对于"四保"的判别选择,"应保"根据遗存的历史文化意义,"必保"根据意义的重要性;"能保"依据遗存的工程质量和功能状况,"选保"参考局部遗存的规模和当地的市场容量。

从历史文化保护的工作实践中体会,明确"应保"相对简单,确定"必保"需要相关知识,判断是否"能保"依靠专业严谨,而进行"选保"务必论据充分、慎重决策。城市规划应当对"四保"的选择工作发挥专业的主导和支柱作用。

6.历史文化保护方式的多样性——四原

由于历史文化本身的多样性,历史文化保护方式理所当然需要具有多样性。城市规划编制决定保护的基本方针、范围对象、保护目标和主要标准，城市规划实施决定保护的具体组织和技术经济等政策，编制和实施两个阶段都面临着各种多样性选择，必须统筹兼顾。从历史文化物质遗存主体保护的角度，普遍存在、无可避让的选择首先是保护方式的"四原"选择。

四原，指原物、原样、原工艺、原文化四种保护方式，各自分别适用于不同内涵和状态的历史文化遗存保护原则[①]。

原物保护。这是能够最全面地真实反映历史信息、最理想的保护方式，应当优先采用、尽可能采用。等级不可移动文物因其代表性、稀缺性的意义重大和遗存质量普遍较好的基础条件，多把原物保护作为基本原则。

原样保护。由于建筑材料的耐久性不同，以砖、木等材料作为结构、主要由城市规划面对的非等级文物建筑，历经百年、数百年风雨后，很多建筑的遗存工程质量已经难以进行原物保护。用竹、毡等材料建造的建筑物耐久性更低。对按照工程技术规则确定无法原物保护的对象；应当尊重客观自然规律，只能采取"原样保护"方式。也有一些建筑遗存，原物保护不能解决有效利用问题，或者难以解决经济可行性问题，应在查清其历史文化内涵、正确判别意义价值的基础上，选择是否采用原样保护方式。做好原样保护的前提是以测绘、拍摄等手段获得能够证实"原样"的资料，以及能够恢复"原样"的工艺。

原工艺保护。历史文化有物质、非物质之分，很多物质遗存同时也包含了非物质文化遗存，有时非物质文化遗存还是物质遗存的存在条件甚至存在前提，传统建筑遗存就与传统建筑工艺这类非物质遗存融为一体、不可分割。保护实践中，曲屋面修成坡屋面、搏风改成叠涩、山鸡变家鸡等屡见不鲜的原工艺失真、失传现象，充分说明了原工艺保护的重要性、专业性。因此，无论"原物保护"还是"原样保护"，都离不

① 张泉.关于历史文化保护三个基本概念的思路探讨[J].城市规划，2021（4）：57-64.

开"原工艺保护"的支撑，否则很可能徒有其形不得其神，甚至形变。

原工艺保护是对"营造工法"的保护，主要属于建筑设计和施工层面的内容，涉及传统营造匠师制度、传统建筑保护技术标准的具体和准确程度、有关建筑材料生产等一系列问题。

建、构筑物怎么保护，没有建筑工程专业知识和能力是难以科学确定的。现代建筑工程质量检测已是一个动辄使用仪器、仪表的专门行业，是否危房也需要专门的工程性鉴定。传统砖木结构没有现代高楼大厦那么复杂，但仅凭非建筑工程专业人员看看房屋外观就确定建筑是否保留或拆除的质量等级，似乎有点类似于仅凭一个人的形貌判别其寿命，总觉得有点儿戏。有很多保护规划中确定保留的传统建筑在实施中拆除，不能都简单地归结为实施中不重视保护，而也应反思采取这样的确定方法是否科学合理、是否足够"重视"。不符合建筑工程和材料科学逻辑的保护要求，不利于保护规划编制的科学合理，也不利于实施的切实可行。不利于保护规划和保护工作的方法应该改进完善，良好的保护结果、效果才是城市规划的目的和本质利益。

对于原物、原样、原工艺三种保护方式，城市规划重在正确理解，并针对保护对象的具体遗存质量情况而合理选择运用，以区分、明确具体保护对象适宜采用哪种保护方式，并按明确的保护方式筹划修缮、更新、改造、仿建、重建等各自适应的相关后续措施。

原文化保护。原文化是历史文化保护传承的重要组成部分，也可能是城市规划中保护历史文化的最大挑战。除了物质保护的"原真性"，"原文化保护"还重视非物质文化，包括构成物质文化的非物质文化的"真实性"。有别于物质"原真"的时间凝固和由此带来的客观必然的物质、文化分离，"真实"重在历史文化源流、系统的纯洁，重在表现真实的源流和真实的系统表达，在保护时空确定要素的基础上，也可以包括合理的文化演进。

北京明清故宫在历史上的多次扩建、重建，日本伊势神宫每20年按原样重建一次，都可以视为原文化的保护或演进，而没有被称为

"假古董"，"保护"的结果也成为保护对象，保护的效果就是"原文化"的适用和传承。原真是文物，仿制是艺术品，都是真实的，区别在于真实的内容和程度。区别更在于对保护结果的表述，黄鹤楼、鹳雀楼、岳阳楼等长江名楼在历史上曾经多次损毁、重建，而未曾听说过哪一代哪座楼是假古董，仿制而自称古董才是"假古董"。滕王阁自唐永徽四年始建，唐、宋、元、明、清历代多次重建，1985年落成的是第18次重建，历史记载的是重建年代，表达"襟三江而带五湖"的豪迈气概、"落霞与孤鹜齐飞，秋水共长天一色"的潇洒情怀，传承了千年《滕王阁序》的真实文化精神。这种"原文化"才是历史文化保护的本质对象，历朝历代毁而复建、孜孜以求的是文化精神的传承，而令人一饱眼福的物质载体只是"埏埴以为器"①。

以历史街区为例，现存确定的历史街区基本上都有辉煌的过去，否则就不会有今天的丰富遗存；过去的辉煌是建立在街区形成期的功能、作用符合当时社会需要的基础上，否则今天的遗存就根本不会产生。因此，街区的功能、作用是当年辉煌的源泉，也必然是当今活化传承的基础。历史街区的物质文化和非物质文化保护，如果片面地重"器"轻"用"，不能因时制宜地以融入现代社会所需要的功能、作用等为前提，就很难走出僵化、衰退的不良循环。原文化保护的演进性、开放性，是帮助历史街区走出这种不良循环的有效方法。

真实性"包括形式与设计、材料与物质、利用与机能、传统与技术、区位与场合、精神与感情，以及其他内在或外在之因素"②。树叶可以移动，泰山就在那里。

7. 历史文化保护组织方法的多样性——四分

四分，指分类、分级、分区、分产权。梳理、组织对历史文化的保护，若按照"四分"的组织方法，有利于全面统筹，因物制宜、因

① 见老子《道德经》。
② 《奈良真实性文件》（*The Nara Document on Authenticity*），1994年，傅朝卿译。

地制宜地抓住保护工作的要点、重点。

分类组织，目的是针对保护对象的具体特点，制定相应的技术标准和一般规则，提高和保证历史文化保护的专业质量。分类越细，专业性越准确，越有助于提高保护的专业水平。例如，建筑类可再分为坛庙类、衙署类、商铺类、居住类；居住类可再分为府邸类、民居类、商住类；民居类还可分为大户、小户、常规户，沿街户、沿河户、山地民居，文人户、商人户、农户等。不同的类别各有特点，其功能布局甚至所用的纹饰、小品、空间意境等都有各自的习俗和特色，对其保护需要各有相应的标准、相宜的规则。如果不能区分不同的标准或规则就没有必要分类，缺乏相应技术标准、措施的孤立的分类只是一种统计方式，对保护的质量和水平没有实质意义。

分级组织，目的是针对保护对象的具体条件，抓住重点，制定相宜的政策措施，在历史文化能够得到可靠保护的前提下，提高保护实施的可行性。相对于分类的单纯技术性特点，分级的特点是政策性和技术性兼顾。其中，政策性方面包括行政管理和保护资金等的责任层级，技术性方面主要是确定各个等级的保护目标、保护方式和具体措施等内容的原则性差别。

分区组织，是在分类、分级基础上的规划深化区分。主要有三个目的：一是分区呼应遗存所处地段的城市功能，二是分区协调保护目标定位，三是分区明确保护责任。各个分区的三个目的宜尽可能在同一空间范围中实现，以方便管理落实。

历史文化需要纳入城市功能系统才能保持活力。具体有现场纳入、馆藏纳入和实物纳入、线上纳入等多种方式，相同的内容如处于系统的不同功能区域则有不同纳入方式的选择。面粉可做面条、馒头、蛋糕，青菜可做主菜、配菜、小菜，相同的内容处于系统的不同功能区域时还有纳入用途的选择。分区组织有助于利用各个分区的多样性，促进历史文化与所在区域的城市现代功能融为一体。

例如同样一座传统民居，在遗存不多的一般城市和在遗存较多的名城、名镇，如苏州、扬州、平遥那样遗存遍布的古城，其影响力和作用大不相同，这是由历史文化遗存的代表性、稀缺性特点决定的。因此，正确的参照系有利于历史文化保护利用目标的准确定位和措施的切实可行，分区组织有利于建立正确的历史文化保护参照系。

同时，分区明确空间范围，确定范围内的保护对象、保护要求等，有利于明确保护责任、建立责任制度。

分产权组织，是保护规划能够顺利实施的基础，保护历史文化是一种公共责任，也是一种产权责任。通过有效保护，历史文化的价值才能得到保持或提升。这些价值的载体是历史文化遗存，而遗存都有权利、权益所有者，权利、权益所有者当然也就是责任者。区分产权所属是区别明确保护历史文化的责任、利用历史文化的权利、享有历史文化权益的必要前提。

8. 古今建筑风貌协调的多样性

建筑风貌的协调，从专业角度有其一定的基本规则和表述方法，具体的见解和作品当然也会有明显的优次之分。除此以外，常常是流派、偏好各说各理，仁者见仁、智者见智，莫衷一是。

古今建筑风貌的协调是建筑风貌协调的一小部分，相对就简单得多。按照目前城市规划的相关技术规定和实践内容，最常见的协调问题有建筑高度、建筑风格。

建筑高度方面，因为古建筑多是 1 层，间或 2 层，局部 3 层，为了周边协调，往往要求控制保护对象外围建筑的高度。

最常见的做法是分距离"划圈"控制，紧邻圈内的建筑高度不超过保护建筑，或者最多可以高 1 层；圈外再按距离逐步或逐圈向外逐渐放高。这样的控制结果有点类似机场的净空控制，形成以保护对象为中心的碗状空间。

更严格的做法是要求在保护对象的院里不能看到外部的建筑物，如距离太远了看不清楚还可以通过放气球等方法，按不能看到气球的标准进行高度控制。这样控制的结果是，保护对象空间范围小的形成漏斗状，大的则形成平盘状的城市空间。

这类控高做法的效果是古建筑具有中心地位，获得良好的视野，代价是在视野范围内放弃建设用地的功能集聚效益和经济效益，在一定条件下、某种程度上，也是放弃或者取消控高地带的发展机会。

笔者无意质疑这种做法的科学性和有效性，也不赞成在古建筑周边高楼林立、壁立甚至环立，但觉得从城市规划的综合性、全局性、多样性角度，还可以进一步探讨几个问题。

一是体量问题。没有人觉得幼儿园的老师和孩子之间体量不协调，也没有人认为裙房应该和主楼差不多高大才协调，历史上众多高矗古塔的塔院和周边基本也都是1层的建筑。这些情况是不是有可能说明，体量本身的协调不是本质问题，相关关系的协调才是重点，或者说，不同的体量也可以通过其他相关关系进行协调。

二是视野与视廊问题。建筑无论古今，一般都有正面、背面、侧面，相应的视觉需求也就有主要、次要和不要，不设门窗就无需对外的视觉要求。按照中国传统习惯，中轴线的，特别是南向的视觉效果是最重要的，正所谓"南面以临天下"。考虑现代的视觉分析和古代的传统习俗，"划圈"控高以及按照实物的文化特点和实地的视觉需要控高，这两种方法似乎都可以因地制宜地选择运用。

三是中心地位的历史文化问题。当前的历史文化保护规划中，因为编制任务的主体性而都把历史文化遗存的保护作为中心，从规划任务重点和编制工作角度应当这样，也必须如此；但从城市空间角度，就需要更加认真仔细一些。现状历史文化遗存中，在历史上并不是都具有城市或者区段的空间中心地位的，按照保护历史文化真实性的原则，处理保护对象与周边区段的空间关系，应当把历史的地位和周边关系作为重要参考依据，不必每处都以古为中心。

建筑风格方面，对于古建筑周边的其他建筑，通常要求邻近是仿古或局部仿古的风格，以与保护对象协调，再外围才可以建现代风格建筑。类似于碗状控高，这是退晕式的协调方法，没有什么不可以，但作为普遍要求的规则就似乎失之狭隘了。男女的形象风貌不同，他们之间不一定非得站一个太监才能协调。

协调的方式不只是退晕一种，对比也是一种协调方式，也可以达到协调的效果，关键在于怎么做。而具体的怎么做主要属于建筑设计的范畴，没有必要把应该通过建筑设计个案解决的问题纳入城市规划管理的统一规定，如果按照统一的高度控制，埃菲尔铁塔就只能搞成埃菲尔铁墩。城市规划的规范应当确保历史文化保护的底线原则，同时应当充分发挥建筑设计对协调的专业优势作用，留足具体谋划和创新的空间；城市规划的实施管理不必因噎废食，因为一些水平不高的保护方案就一概堵死设计创新之路。不要把建筑设计问题划归城市规划问题，也不要把设计水平问题等同于建筑设计问题，分清问题的实质才能找到正确的解题方法。

"协调"的意思包括搭配得适当、配合得适当，搭配主要只是作用于视觉，配合则作用于综合感觉、感受。既需要重视古今形象的搭配，也应该重视形象和功能等多方面的配合。规则就是一种边界，恰当的边界才能有利于统筹协调的多样化，既有效保护历史文化，同时又保护合理的创新空间，融入现代生活，这样才能有助于改变千城一面的单调形象。

9. 延年益寿与更新演进

修旧如旧、延年益寿是历史文化物质性遗存保护的通行技术规则，"我做故我在，出处标明白"也是历史文化保护的常用做法，佛光寺即根据书于屋架构件表面的相关记载确定建于唐代，维修于大中（847~860年）年间。

"一切有关文化项目价值以及相关信息来源可信度的判断都可能存在文化差异，即使在相同的文化背景内，也可能出现不同。因此不可能基于固定的标准来进行价值性和真实性评判。反之，出于对所有文化的尊重，必须在相关文化背景之下来对遗产项目加以考虑和评判"①。例如现代楼宇与罗马古城墙交错砌筑，源自古埃及文化的现代金字塔成为巴黎卢浮宫的主宾，近 50 年来新建的大批传统式住宅加强了京都的著名古都环境氛围和影响力。能够有效保护、合理利用、传承弘扬历史文化的方法，都可以为城市规划所用。

法则各有管辖领域、适用范围，超出领域范围就不是法则。一个具体的历史文化遗存有其自身的自然寿命，可以适用修旧如旧、延年益寿的法则；街区和城市的生命特征完全不同于单一的具体遗存，就像一个人的生命是短暂的，而人类的延续、传承、进化是无限的，一个人延年益寿的法门不能生搬硬套于人类的繁衍。"法无定法，万法归宗"②，不断更新、不断演进是自然和人类的法则，通过城市规划保护历史文化，需要统筹保护和更新的关系，把具体历史文化遗存的有限寿命融入城市和文明的永生之中。

10. 保护历史文化的宗旨与大道

"古为今用"是历史文化保护的宗旨，首先是给谁用，其次才是怎么用。"以人民为中心"决定了历史文化保护是服务于人民的，关键是要在历史文化保护中，找出什么是人民的利益、最大利益和根本利益。

遗存的不同特点、不同状况，选择的不同角度、不同重点，都与这些利益直接相关。例如，等级文物的特点在于其文化性、标本性，而街区的特点在于其生活性、标志性；从具体物质遗存角度重在延年益寿，从居民利益角度，宜居、发展等条件是必要支撑。技术是保护历史文化的重要保障，但只是工具，不是目的，以谁为本、以何为本才是保护的首要原则问题、方向问题。不应削足适履，也不可赤足弃履，城市规划要找到让具体的"足"舒适的"履"。

保护只论原真不变、发展只顾现实易行，都只是局限、单行的小道，

---

① 《奈良真实性文件》（*The Nara Document on Authenticity*），1994 年，傅朝卿译。
② 见《金刚经》。

"在发展中保护，在保护中发展"才是历史文化保护的康庄大道。

应关注历史文化价值对于发展的积极意义和作用，在保护中合理利用、有效利用。利用方式、利用程度讲究合理，利用渠道宜尽量纳入或靠近社会的主流、中泓，以提高利用效率。

制定通用性保护法则应统筹专业技术和经济可行性、文化稀缺性、发展协调性，以发展的眼光进行保护，以保护的手段促进发展。作为总体方向性指导，通用性法则一般不宜过于具体，以便于因物制宜地落实、因时制宜地优化，而不应该作为一成不变的教条。

城市规划中的"保护文化"，其基在"保"，对保护的范围、对象和内容，应具体考量遗存的历史文化意义和工程技术状况综合进行确定，基础不准、后患不尽；其真在"护"，保护措施需要恰当对应真实性的需要，护而失真、护亦未护；其魂在"文"，保护物质遗存重在其非物质的文化本质，保文无文、行而不远；其难在"化"，古今的有机融合是城市特色生命力所在，保古不化、古则僵化。

三、城市规划中的新旧关系——城市更新

更新是成长的常态，是一种成熟的标志、完善的需求，也是一种提升的渠道、发展的方式。对应于"城乡关系""古今关系"，城市更新的要旨可以理解为适时、正确地处理城市构成要素的"新旧关系"。

1. 城市更新的宗旨

从辩证的发展角度，物质和运动是不可分的，也就是和变化是不可分。城市是长期形成的，形成过程中不时会有更新的需要；城市发展到规模基本稳定的成熟阶段，内涵提升成为主体需求，城市更新通常就成了城市发展和规划建设的主要任务、主要方式。城市一旦进入以更新为主的发展阶段，城市更新行为和工作就是常态化的，如果更新停止就意味着衰退。

更新的本义是除旧布新。城市更新不是简单的除旧布新、拆旧建新，而需要从城市功能、技术标准、生活水平、发展趋势等方面统筹分析评价新旧的定位、关系与动态。新旧都是物有所值，历史文化就是"旧"的累积，困难时期、低水平阶段的旧物可以形象地展示城市的来路、提供过去的启发；从低碳发展的角度，对旧物尽可能长久地利用可以减少发展带来的碳排放，所值在于所用。

不同于简单的外部形象出新，城市更新面对经济、社会、环境、设施、文化等各种内涵的全面需求，是对城市现状功能、形象、联系的统筹优化调整和提升完善，关键在于为谁服务，在此基础上明确提供什么服务与如何提供服务。城市更新的宗旨必须是"以人民为中心"，重在因时制宜、因地制宜、因人制宜地提升生产能力和生活水平，功能为主、形象为辅，促进高质量发展，建设和谐的美好家园。

2. 城市更新的复杂性

城市构成的形式、内涵、功能、联系等诸多要素、因素决定了城市更新的复杂性，除了产业更新导入、投融资和财税政策等主要属于经济领域的、对城市更新至关重要的因素，城市规划建设领域的关注主要体现在城市更新方式和更新利益变化方面。

（1）城市更新方式方面

城市由建、构筑物和经济、社会、文化等各种要素组成。嵩岳寺塔、佛光寺东大殿等一千多年前的砖木建筑延续至今，而南北朝以来的经济社会文化发展早已历经沧海桑田。这种客观现象充分说明，物质空间要素与经济社会文化等其他要素，在发展变化的主动性、主导性和动态、速度、时代适应度等许多方面是很不一样的，非物质要素的更新更频繁、更重要、更本质。

经济社会文化的变化显著快于物质空间的变化，这个特点在总体上决定了：城市常态化更新的主要任务是提升经济社会等功能性内涵，物质空间需要适应和支撑内涵的发展需求，只看到物质的"有"而忽视功能的"无"就可能因小失大、本末倒置；不同地块、建筑的功能性内涵与物质空间形式的适应关系很可能存在许多区别，城市更新相应地就需要多种方式，例如更新、振兴、复兴，保护、修缮、重建等。在正确定义的基础上，各种方式的主要更新任务、发展影响作用、经济社会政策等都具有丰富的多样性。

（2）更新利益变化方面

因为城市现状的功能、形象多已具有确定的利益主体，更新就必然涉及现状利益的客观变化和主动调整。利益变动的复杂性决定了城市更新工作和相关政策、措施需求的各种特点、重点，主要体现在以下几个因素。

产权因素。城市更新带来的各种改变和影响，例如功能、环境、联系、景观等，最终主要通过产权及其价值的变化得以体现或兑现。

经济因素。与产权伴生的责任和权益，城市政府的责任、目标和能力，市场力量在更新中的作用和机会，更新的直接成本、安置费用等间接成本、运行维护费用等后续开支的数额和渠道关系，当前更新与非更新的地域、主体之间的系统协调和社会公平等诸多主体、利弊、时序关系都需要统筹兼顾。

社会因素。产权以及使用权的主体的多样性伴生出更新的诉求和具体愿景的多样性，由此带来城市更新工作组织的复杂性。

目标因素。产权的多样性导致具体产权和更新整体、城市全局等不同主体的客观需求、主观愿望、承受能力等各种多样性，进而带来选择、确定更新目标的复杂性。

技术因素。随着城市发展阶段、发展方式的变化，城市规划现有规则、方法的阶段性、统一性与新方式、新功能、新需求的创新性、具体性，都面临衔接、完善和变革的要求。

归根到底，复杂性综合体现在以下几个方面：产业导入方面，如何妥善地顺应、应对和支持城市的发展提升、转型；更新方式方面，如何统筹、协调更新与保护、继承与传承的关系；投资平衡方面，如何制定有效筹措和公平利用更新资金的投融资政策；更新利益方面，如何正确处理城市、集体、个人三者的利益关系。这四个方面的复杂性都需要认真应对、妥善处理，缺一不可。

3. 城市更新的三种动因

城市更新既是城市发展的常态，也有更新的发展阶段特点。从城市规划建设角度，一般而言，补短板、阶段提升、发展转型是常见的三种主要更新动因。

补短板是指弥补城市系统内各部分之间的相对差距，更新的主要目标是使相对滞后的局部缩小或消除原有差距，例如对危、旧房的改造更新。

阶段提升主要针对过去阶段的相关标准、通行做法中已不适应现今生活、生产需求的部分，更新的主要目标是建立和达到新的标准和要求，例如多层建筑加装电梯、老旧小区解决机动车停车问题等。

发展转型是模式和渠道的更新，需要进行相应的系统更新，因此是最为本质、难度最大，也是作用最为重要的更新，例如面对以量的增长为主、量质并重和内涵提升等不同发展方式，城市规划可能需要有截然不同的指导思想、发展战略和规划目标。

三种动因的区别。补短板的动因最迫切，事关社会公平和谐，城市规划应当主动关注、及时安排，把相对差距控制在合理范围内，促进城市的动态协调发展。阶段提升的动因最普遍，体现了科学技术进步和人民生活水平提高的客观需求，城市规划需要适时引导，同时根据城市更新的需要不断及时完善城市规划的自身体系。发展转型动因的影响最强烈，无论市场动态的改变还是主导战略的调整，都是必须紧跟和适应的，城市规划应重视动态趋势和需求预判，称职地履行对发展的引导支撑职能。

不应只看现状情况就进行更新，还需要首先分析清楚现状产生的原因。头痛医头、脚痛医脚的做法只适用于解决确属表层的问题，从根本上对症下药才能正确制定更新目标与策略，取得预期的更新效果。例如在城市发展滞后的地段中，产业和居民消费方式较为传统且层次不高，建筑破旧、老年人等弱势群体比重大是常见现象，但其根本问题是整体功能系统滞后于其他地区。其中宜居模式和质量是症结所在，只关注建筑外观、环境景观或文化影响，不系统满足住房、交通、就业等方面的现代功能和质量的需求，就不能从根本症结解决问题或难以达到更新的理想效果。

4. 城市更新的三类基本政策

作为一个发展阶段的一种新发展方式，城市更新需要制定和完善很多政策，其中最关键的当然是投融资和财税政策。此外，更新标准、更新责任、更新补贴是与城市规划建设关系最为紧密的三类基本政策。

（1）城市更新标准

城市更新标准主要包括纳入更新的条件标准、更新达到的目标标准、更新执行的技术标准。

城市是一个整体系统，更新不宜随心所欲、有求即应，而应明确相应时序的更新条件，以便全面统筹、循序渐进。纳入更新的条件取决于更新的组织方，其中主要是各级政府，为了形成更新的有序、公平、协调、统一的行为或专门的目标，需要制定纳入更新的条件政策，以促进城市的整体和谐发展。企业组织和个人自主进行的更新中与城市更新直接相关的内容，不应违反（"不符合"不等于"违反"）政府的更新条件政策。

更新达到的目标也取决于更新的组织方。更新不是越新越好、质量水平越高越好，更新的目标应与经济发展水平相协调、与更新对象作用相匹配、与资金投入能力相适应，具备经济技术可行性。更新目标也不是简单的"有多少钱、办多大事"，而应明确底线意识，通过更新缩小城市相关地区和不同社会群体之间的差距，消除某些不良、不合理现象，促进社会的公平、公正。应把改善弱势群体的宜居条件、为其提供适合的发展机会作为更新目标的重点。

城市更新需要专门的统一技术标准。城市更新对象的内容广泛、功能交织、关联复杂，现行的在城镇化快速发展阶段以新建概念为主的标准规范体系已难以满足城市更新的技术需求，建筑维修技术标准也只是更新所需技术中的一个部分。需要特别关注城市更新带来的功能兼容性、容积率合理调整、产权变更、城市交通影响、市政供给适配、城市景观组织等方面的一系列技术需求，统筹、完善现行标准或专门制定技术标准，以发挥好城市规划对城市更新的引导和保障作用。

（2）城市更新责任

城市更新责任主要包括更新相关各方的主体责任、经济责任，实施相关各方的组织责任、执行责任、技术责任。

主体责任指产权责任，产权的利责相随不可分割，因此主体责任是基本责任，其他责任特别是经济责任应以与产权的关系为基础进行考量。

经济责任首先要重视公共利益与非公共利益的区别，以便于责任政策的重点聚焦、细化明确。城市更新的复杂性大多体现在非公共利益方面，例如老旧小区增设停车位、建筑物外貌出新、经营性服务配套提升等，责任属性不明确就难以公平推进。主体责任、经济责任重在公平性、确定性，顾此失彼、厚此薄彼都是应当避免的。对无力承担与产权相应责任的主体，可以另行制定救济政策，但不是责任的属性转变。

组织责任主要是政府责任，包括更新的具体空间范围、主要内容、更新目标等，也包括对集体自组织、个人自发更新的统筹协调和许可批准。

执行责任是规范更新实施行为的政策，主要针对实施期的安全、经营和交通等秩序、环境、居住和经营的过渡、相关方工作等。

技术责任是行为责任，是对执行责任的具体定义，应在现行责任规则体系的基础上，按照城市更新的特点，建立健全城市更新责任系统。

（3）城市更新补贴

城市更新补贴是社会最敏感的政策，也是最有调控作用的政策，应当考虑的问题主要包括更新的补贴条件、补贴对象、补贴方式、补贴节点、补贴渠道、补贴数额。

补贴条件可包括三个方面：按照更新作用的大小，给予鼓励；针对更新投入产出比的高低，合理调节；考虑更新承担能力的强弱，促进公平。

补贴对象从表面看是补贴项目和人，但本质上是对更新作用和成本的补贴、对更新能力的救济。同时，因为补贴在很多情况下是公共利益向非公共利益的转移，因此，补贴对象应以明确区分更新主体承担的责任为基础。

补贴方式通常采用的是资金方式，也是适用性最广泛的一种方式。补贴的内涵是利益，利益的体现方式丰富多样，而城市更新的内容同样丰富多彩。可以把丰富多样的利益和丰富多彩的内容有机结合起来，重视利用功能性资源、灵活利用品质性资源、有效利用存量资源，促进补贴效率的最大化、效果的最优化。城市规划在合理利用这三种资源方面具有先天性的资源优势和调控优势。

补贴节点指发放补贴的时序节点，常用节点有三个：立项、开工、完成。不同节点各有作用，节点前移动力明显、有助推进，节点后移可以简化监管而不影响补贴目标的实现。

补贴渠道指补贴的流向，不同的流向可能产生不同的作用和效果。例如对绿色建筑的补贴，如发给开发建设方，则需要对设计、施工直至竣工都进行监管，而且原本是公共资源性质的补贴有可能变成获得补贴方的市场竞争优势；如果在不动产权登记时直接发给购房者，则只需要在竣工验收时对建筑成品进行绿色效能鉴定，消费者花同样的购房款就能享受到绿色建筑的品质，就可以使绿色建筑的推广获得市场的动力。

补贴数额是政策力度的一种体现，数额的差别和对应条件体现了不同的政策意图，都是具体制定政策中的必要考量。

5. 城市更新内容的"三个三"——三类、三式、三界

（1）三类对象

城市更新的对象五花八门，总体上可分为三类：形象类、设施类、素质类。

形象类包括景观、风貌、环境、空间等。此类更新最为常见，一般以公共实施或公共组织为主，业主自行更新为辅。特定的地域、类型、风貌等更新，需要服从或兼顾其与传统、特色的关系，"出新"和"修旧如旧"都是可以因物、因地制宜采取的措施。

设施类包括建（构）筑物、功能、质量等。此类更新与形象更新一样都是对物质空间主体的更新，但内容更加丰富、作用更加重要、关联更加复杂，而且一般都有明确的产权主体，因此从城市系统和全局角度的统筹协调也更加必要。

素质类包括理念、软件、制度、习惯等。这类更新成本不高作用大、进度不显成效显。相对于城市形象和设施以物质为主的更新特点，素质更新重在标准的更新、管理的更新、文明的更新，是作用最为本质、影响更为广泛的更新，可称之为"种子更新"，也是更加需要关注的更新。

在实践中，按照具体需要，三类更新可以分别或组合进行。

（2）三种方式

主体对象需要更新的内容和程度不同，城市更新就需要有相适应的具体做法，总体上可分为三种方式：除旧布新式、焕然一新式、功能更新式。

除旧布新式是最常用的方式，多用于针对质量或形象的"旧"的更新，重在织补和周边协调，意为持续、渐变、演进的更新动态，最合"苟日新、日日新、又日新"的意境。

焕然一新式是作用最明显、见效最快的方式，多用于针对功能的"差"的更新，重在方式采用的必要性、城市文脉的相关性，以及提升现状或引导趋势的更新目标定位。这种方式尤应注意妥当处理量变、质变关系，包括应用规模的量变与质变、更新风貌的量变与质变。

功能更新式是改变内涵同时也可能改变外观的方式，多用于针对发展方式、路径的"转"的更新，重在把握更新功能与现状的系统关系。一石入湖必起涟漪，更新功能是单纯融入现系统，或是对现状系统进行水平提升、层次改变、功能转换、方向引导等。城市规划应当预判作用、预设目标。

城市更新本是统一的整体，三种方式是更新的三个节点方式，只是便于分析特点区别的抽象表述。更新实践中没有这样的截然界限，只有量变、质变的自然规律。就像1与2之间有许多小数、白与黑之间有若干灰色，需要在实践中探索把握，努力使更新方式恰如其分、更新效果恰到好处。

（3）三种界限

三种界限指城市更新宜关注的"三界"：边界、分界、无界。

城市更新的边界有底界、顶界、侧界。其中，底界指最低目标，主要决定城市更新之"更"，以合理明确更新优先范围；顶界指最高目标，决定城市更新之"新"，以避免铺张浪费、过度超前；侧界是准确定义，防止"大拆大建"之"大"。边界明确，政策不偏。

城市更新的分界有类界、地界、业界。其中，类界指政策界限，针对具体更新的特点分类施策，一类一策，避免一物一策而产生不必要的矛盾；地界是空间界限，更新的地域和更新的功能、系统影响的空间范围协调明确，为政策的制定和执行提供范围依据；业界指职责界限，便于有关部门、有关方面统筹协调、各司其职、各负其责，避免重复用功、相互干扰。

城市更新的无界是指开放的胸怀、开阔的视野、开明的态度。更新中的合作无界，形成合力是目标；更新中的创新无界，利于城市是目标；城市更新本无界，有限更新、不求毕其功于一役，持续发展是目标。

回看了一下，城市更新的三种动因、三类政策、内容的三个三，这样"以三为纲"的表述方式分明受了"三生万物"传统思想方法的影响，将其重新组织形成四种动因、五类政策、六项内容的分析结构也未尝不可。例如，按照传统太极文化的分析路径，太极生两仪，两仪生四象，四象生八卦，八卦生六十四卦，六十四卦生三百八十四爻。以城市更新为太极，新与旧就是两仪，利、弊、公、私就是关键四象，条件、可能、底线、顶界、公利、私利、公弊、私弊这些控制点可作八卦，丰富的更新内容就是六十四卦，更多复杂的细节就是三百八十四爻。

上述分析思路的本意，不是具体的工作方法介绍，只是一种抽象的思想方法交流。方法视效用而取舍，法则随时代而演变，正所谓"法无定法"[①]。不停留于表象、层层深入抓本质是关键，梳通关联逻辑、争取最优成效是目标。

6. 城市更新正常化、规范化的基础

在过去几十年的经济社会发展和城镇化进程中，我国已经形成了城市规划建设管理的一整套法律、法规、规章的法制体系，以及相关制度、标准的法治工作体系。这样庞大、丰富的体系主要是在以外延扩张为主、发展速度优先的历史背景下形成的；这样庞大、丰富的体系的建立离不开大量的实践探索、理论提炼和必要时间的检验。

进入以内涵提升为主、质量速度并重的发展转型阶段，城市更新总体上将成为城市规划建设管理的主体领域和主要任务。通过城市更新工作实践和理论研究，对城市规划建设管理的现有法制法治体系补充、完善、拓展，进行系统更新，是加快推进城市更新正常化、规范

---

① 见《金刚经》。

化的基础,也是在新的发展阶段中,依法依规进行城市规划建设管理的基础性需求。

四、城市规划的导向关系

问题导向、优势导向、目标导向是城市规划最常用的三个导向。问题导向可以突出难点、重点,优势导向得以扬长避短,目标导向用以把握整体方向,应在认清具体导向内涵的基础上整体协调处理好不同导向之间的关系。

1. 问题导向

问题的存在是规划的意义,解决问题是规划的使命。

首先是能不能发现问题,发现了问题才有解决问题的可能,因此能不能发现问题比解决问题更重要。问题总是客观存在的,是不是问题,取决于审视、分析的胸怀和眼界。与过去比总有进步,与未来比总有努力空间;与后比有信心,与前比增干劲。

其次是梳理问题。问题都有成因,弄清问题形成的逻辑才能找出正确解题的逻辑;问题都有影响,弄清问题影响的作用、范围和程度,是如何选题、如何导向的基本依据。没有内涵、千篇一律的问题,一些表面相同的问题,其成因和影响很可能因所在城市或所处环境各异而大不相同。

然后是选择问题。诸多问题各有成因,解题的条件、代价、难度各有不同,有的问题当前尚不具备解题的条件甚至无解;问题有不同的影响范围、作用和程度,解题的作用大小、需求缓急等也各不相同。选择问题不是逢山开路、遇水架桥,选择问题的本质是对各种相关价值和代价的衡量比选,对解题作用和效果的预判,以及对解题方法、难度的比选。

2. 优势导向

如果说问题导向是补短板,优势导向就是扬长避短。任何事物都有正反、优劣等对立统一性,城市规划的导向应该遵循和利用这个客观规律,既要重视存在问题,也要充分利用优势,两条腿稳健走路,引导城市沿着符合自身实际的正确方向发展。

优势有很多类型,城市规划通常关注的有区位、规模、成本、品质、特色等类型的优势,资源优势显而易见,机制优势需要打破常规,不同类型的优势各有发挥作用的适宜领域。优势有不同状态,如现状优势、动态优势、潜力优势、后发优势等。长颈鹿吃树叶、小羊吃草的童话故事就说明了高矮体量的各自优势,不同类型的优势各有相应导向的路径和方法。

优势用于明确导向,需要考量优势的影响力。例如优势的比较范围,在半径 10 公里、100 公里内有优势,与 500 公里、1000 公里范围内有优势的影响力量级有本质性区别。优势的领先程度和作用的不可替代性都是影响力的体现。

用于明确导向的优势,需要考量城市规划的可利用性。城市规划管辖领域的优势可直接利用,领域外的优势可直接利用或间接利用,也有的不便利用;与目标相关的优势重点利用,其他优势有效利用;社会、市场的稀缺优势应当特别关注、高质高效利用。

3. 目标导向

城市规划的核心在于规划目标的制定,目标导向是城市规划的灵魂。正确、全面、系统的规划目标是城市规划的统揽、规划路径的目的地、实施措施的依据和实施方法的出发点。城市规划就是为了实现规划目标,目标的导向应当贯穿于城市规划的全部结构,贯彻在城市规划的相关内容。

城市规划用于导向的目标,有问题、优势、需求、引领等不同性质。

其中，问题目标、需求目标宜作为必达目标，优势目标和引领目标可作为努力目标。城市规划用于导向的目标，有核心、配套、衍生等不同作用，需要确保核心作用，完善配套作用，发挥衍生作用，总体关注目标系统的连通性、目标结构的逻辑性。城市规划目标有中期、远期、刚性、弹性等不同内容，具体内容的确定应重视选择恰当的参照系，对于没有先例可循的，现状就是参照系。参照系恰当与否取决于规划路径的可行性和实施措施的支撑性。

4. 三个导向的关系

问题、优势和目标，三者之间存在着关联互动关系。其中，问题和优势是客观存在，目标是主观意愿，主观意愿必须符合客观可能；客观存在具有被动性，主观意愿有明显的主动作用，在一定条件下，目标可以影响对问题和优势的判别。例如对于低碳、慢行的目标，一般路宽就不成问题，小汽车就没有优势。

三个导向的关系中，目标导向是基本性、全面性的，是规划前部的结果、规划后部的纲领，是整个规划承前启后的中枢。目标导向对问题的确定和选择具有强烈的直接影响，目标高远必然需要解决更多、更复杂、更困难的问题。问题导向既有引导性，又有校核性，优势导向有引导性，重在策略性；问题导向和优势导向适合双轮驱动、左右开弓，都应汇集在目标导向中，发挥综合作用，得到相应体现。

不应忽视的是，三个导向的准星都取决于城市规划的指导思想和城市发展战略。

五、对几个问题的困惑

1. 对城市设计的困惑

城市设计（Urban Design）作为一个专用词自 20 世纪 50 年代出现以来，产生了大量的理论和实践，对其作用、内涵、方法的认识也随理论、实践的进展和社会的发展而不断变化、深入。其在建筑学传统的基础上，融合地理学、城市经济学、社会学、环境心理学、社会组织和公共管理、可持续发展等知识，逐渐发展成一类复杂的综合性技术行为。

自《中华人民共和国城市规划法》1990 年施行以来，城市规划一直分为总体规划和详细规划两个层次。其中详细规划又分为控制性详细规划和修建性详细规划，按照控制和修建的规划任务、技术深度、主导专业等特点的不同，实际上也可以理解为两个层次。城市设计在当时主要作为一种技术方法在详细规划中运用，特别是在重要地段如城市广场、商业文化性街道的修建性详细规划中运用，有时也作为非法定的独立技术成果。

2012 年国家取消修建性详细规划的行政审批后[①]，随着修建性详细规划法定作用的变化，城市设计的实践空间得以拓展。2016 年国家要求"鼓励开展城市设计工作，通过城市设计，从整体平面和立体空间上统筹城市建筑布局，协调城市景观风貌，体现城市地域特征、民族特色和时代风貌。单体建筑设计方案必须在形体、色彩、体量、高度等方面符合城市设计要求。抓紧制定城市设计管理法规，完善相关技术导则。支持高等学校开设城市设计相关专业，建立和培育城市设计队伍"[②]。此后城市设计发展速度显著加快，现已成为城市规划编制和建筑设计之间较为普遍的一种存在或节点，在一定程度上取代了修建性详细规划。

尽管其应用已经较为广泛，但一些基本问题仍有待深化探讨。就笔者认识而言，关于城市设计的内涵维度、空间尺度、时间跨度、技术深度和设计视点等，就有一些困惑待解。

（1）关于城市设计几个"度"的问题

内涵维度方面，城市设计已经和城市规划基本重叠，区别在于城市规划侧重于经济社会环境要素，城市设计更加侧重于物质空间要素。

---

① 《国务院关于第六批取消和调整行政审批项目的决定》（国发〔2012〕52 号）。
② 《中共中央 国务院关于进一步加强城市规划建设管理工作的若干意见》，2016 年 2 月。

从技术特点角度，城市设计与修建性详细规划非常接近，修建性详细规划与城市设计市场的此消彼长也可以佐证这一点。

空间尺度方面，除了全国性规划和区域性规划，从地块到总体城市设计，城市设计已经覆盖了城市规划的全部尺度。

时间跨度方面，城市设计基本都对应于相应空间尺度城市规划的年限，在某些方面（如城市总体形态、天际线等）已经属于考虑远景的具体目标问题。

同时因为城市设计的空间性特点，相比于主体功能区规划、土地利用规划与城市规划的区别，城市设计与城市规划在内涵维度、空间尺度、时间跨度等方面的区别几乎可以忽略不计，可以区分的就是技术深度，以及与技术深度直接相关的目标层次和研究视角。这就使笔者产生了以下几点困惑。

一是按照本书的思维逻辑，城市设计是什么？作为学科专业，是一门专业课程，还是处于城市规划学和建筑学之间的独立专业系列；作为技术成果，是一项独立的技术成果、隶属于城市规划的一个专业规划，还是城市规划法定成果的有机组成部分？

二是城市设计的技术深度应该怎么把握？城市设计的技术深度适合什么空间尺度？城市规划有区域性规划、城市总体规划、控制性详细规划、修建性详细规划等几个层次的技术深度，分别适用于不同的空间尺度和不同性质的目标。城市设计的技术深度与"城市设计是什么"怎么关联？分不分层次？在解决微观的经济社会环境和空间功能景观问题方面，城市设计与修建性详细规划各自的优势和作用如何区别、如何利用？

三是城市设计的作用应该怎么发挥？是法定依据、行政依据、技术依据，还是参考资料？

（2）关于城市设计的视点问题

视点的空间高度决定视野，也直接影响可视范围、可视对象和同一对象的视觉效果。可以按视线特点把视点高度分为三类：路上行人高度、室内高度、飞鸟高度。

行人高度的可视范围最小，可感程度最高，产生影响的总时间最长、效果最普遍，城市印象通常是行人高度的视觉形象。

室内高度因其所在楼层而不定，重视室外周边地带的视觉感受是其共同特点，多在小尺度范围的城市空间中受到关注。因为室内有权属或由使用、活动确定的主体，对遮挡、形象、光照等都有常态性的具体客观影响和主观感受，所以尽管具体室内高度的影响范围不大，但其影响往往十分强烈。

飞鸟高度是戏称，指"鸟瞰图"的视点高度，天际线、中轴线、第五立面等往往是其重点内容，也是时下风行的城市设计技术成果中几乎必不可少的重要表达方式。这些重点的可视效果，特别是图面效果、模型效果，有良好的直观整体印象和视觉感受效果，但这种视点到达者少、观之者寡，成之时久、赏之时稀。

因此，笔者的第四点困惑是城市设计如何体现人文精神、把握精英品质？从以人为本的角度，设计研究的视点高度怎么选？

2. 关于建筑规划管理的困惑

采用"建筑规划管理"一词，意在区别于业内的"用地规划管理"，也区别于建筑的设计、施工、监理等行业的管理。

多年前曾经有好几位建筑设计院的院长向笔者提意见，认为城市规划对建筑设计管得太多、太细、太死板，不利于建筑师的创作和创新积极性的发挥。经与一些城市规划局局长的交流，笔者发现建筑规划管理的问题还挺复杂，不只是表面上管得多少、粗细、刚柔的程度问题，其实质上是规划管理的职责、理念以及能力、偏好等的综合体现。其中既有部门因素，也有管理制度、社会观念等因素，有时管理者的个人因素也起一定的作用。这样的情况似乎至今尚未有明显变化，亦是困惑未解。

建筑规划管理与建筑设计的职责范围分界方面，建筑物的内部组织与建筑红线、出入口、容积率、总高度、日照和通风的影响等职责分明；建筑物外部形象的职责则不易分清。对于建筑设计是内外不可分，对于城市规划是城市不可分，加上城市设计更是难解难分。

建筑规划管理自身的职责内容分界方面，城市规划中已经明确的规定内容理所当然是管理的依据，没有明确的内容是否也可以纳入管理？从依法行政的"法无规定不可为"的角度，没有明确规定的内容就不应纳入；从建筑规划管理的需求角度，详细规划或城市设计有关内容的具体程度首先应符合建筑规划管理的需要，否则在建筑规划管理中"法无规定不可为"就难以具备基础条件。

成果的具体技术程度方面，直接与建筑规划管理相关的详细规划、城市设计和建筑设计，是逐层、逐步深化、细化、具体的，这就需要各层次的有关技术规定的内容协调衔接，并且与建筑规划管理的职责需要协调衔接。没有这两个协调衔接，建筑规划管理中的"随机性""随意性"仍然难以避免。

技术理性范围以外的人为因素方面，依法和随机的矛盾实际上是管理规则和客观需求关系的体现，客观需求是本质性的，而规则的制定具有主动性。根据城市规划和建筑设计的技术关系特点，特别需要关注和发挥各自技术深度和专业特点的优势，明确城市规划的职责和技术边界，制定科学合理、恰当具体的规定，明确该管的范围、内容，这样可以有效减少建筑规划管理中的随机性、随意性。

技术理性范围内的人为因素包括管理的理念、能力、美学偏好等，对建筑规划管理也可能产生很多，有时还很大、很关键的影响，而这些影响往往具有比较普遍的争议性。

建筑规划管理的理念包括：规则理念，即对管理规则的层次、领域、适用等关系的认识和运用；弹性理念，即为什么用和如何利用弹性，怎样合理地明确弹性的范围及其适用条件；创新理念，即鼓励创新的胸怀和及时免错、纠错、容错的策略等。

建筑规划管理的能力重在与管理内容和岗位职责的协调性。能力和管理内容的协调属于技术范畴，主要是专业能力与管理内容的协调性，取决于人才资源的配置和管理者自身的适配动态。能力与岗位职责的协调属于认识范畴，考虑到权力影响的自然扩展性，岗位职责的权力和个人的专业能力不应该混淆，应按规定职责行使权力，不是能管什么就管什么，更不可想到什么管什么。

城市、建筑方面的美学偏好对建筑规划管理的影响更是普遍存在、难以避免的。比较典型的如前文所述，设计院长反应建筑规划管理人员甚至对建筑的色彩以至于色相、色阶，建筑的风格、风貌，乃至门的大小宽窄、窗的方圆高低等都提出了明确的具体要求。

这类问题基本不是对错性质，通常只是一种偏好选择，也常存在优次之分。建筑规划管理的权力是否适合或者需要纳入关于建筑美的观点群中去？角度有相美无相，如果不纳入，可以减少引起争议的一个角度，增加一些创新的空间。但是，社会观念通常认为人们对建筑形象不满意是因为"规划水平不高"，这又该如何处？

为了城市形象的美丽、有序，同时鼓励建筑的创新、塑造城市的特色，应当管理哪些内容，适合管到什么程度，管理规则应当怎么定？这些都是建筑规划管理绕不过去的难题。

3. 关于形象风貌"协调"的困惑

形象风貌的"协调"有点像万金油似的到处可用。业内说协调、不协调，社会用语则更直白地说好看、难看。不同的审美随时随处可见，但基本没有哪种观点自认是"不协调"的。关于体量、色彩、风貌等，常常存在多种观点或不同看法。

体量协调方面，例如历史文化保护的常用规则是以保护对象为中心，可向外逐渐增加控制高度，通过梯度高差进行协调。然而古代的楼阁、城门、宝塔等高大建筑物周边并没有这样的做法，也没有谁觉得不协调。埃菲尔铁塔初建时期，专家和公众普遍认为其与巴黎老城区的高度和风貌都不协调，斥之为"怪物"，而现在却是城市标志。

再如自然至高点，山头不能盖建、构筑物，以免破坏山体的自然曲线，似乎已成主流观点，然而很多建在山头、山顶的古刹名寺却已成为自然景观和山体曲线的组成部分，成为旅游热门打卡点。

色彩协调方面，清一色的协调不是一般协调问题，而是对单调的协调问题；近似色的协调选择性最多、兼容性最广，因此成为应用最多的协调方式。不同色相的协调就喜繁爱素、各持所见了，所以是色彩协调的常发因素。当年笔者在校学习时，老师就专门慎重地提醒，并举明代钟鼓楼及其周边建筑红与黑的不同色相协调为例，对比色效果强烈，协调的难度似乎也不一般。意大利威尼斯附近有个布拉诺岛（Burano），历史上当地原住民都以渔业为生，出海打鱼往返一次时间长达一两个月。因此他们习惯把住房粉刷成与周边建筑截然不同、冷暖色调形成强烈对比的颜色，并且都喜用艳丽的纯色，以便出海归来的家人在辽远的海面上可以尽早看到自己的家。

风貌的协调方面，有中西协调、古今协调、虚实协调等，以及它们之间的同向、反向协调，举不胜举，简直有点成者为王、王者即成、未成即寇的感觉。

普遍存在、形形色色的协调，总体上似乎属于个人感性、传统习惯的认知，其中既有专业素养的成分，也具有强烈的模糊性特点。从规划引导的角度，是否可以对其形成一定的认识、评价路径，例如性质、功能、关联等秩序协调，统一、差别、对比的方式协调等，以利于"协调"的不同角度、内容和观念之间的沟通？

习惯是传统的、大众的，在一定的范围内一般不会错，但也不太可能带来明显的进步。世界著名建筑特别是引领潮流、创立流派的代表性建筑，没有一个是公众票选的方案。创新是对传统的突破，对大众传统习惯而言很可能是新颖、奇异甚至颠覆、怪异的；但新颖、奇异、怪异并不等同于好的创新，而需要通过实践和时间的检验、筛选。

两难之间，协调的责任适合怎么设置？

从建筑规划管理的角度，是否可以综合考量地段、功能、环境、作用等特点，把"协调"区分为基本协调、特殊协调、其他协调？如果能够区分，城市规划可否只保障基本协调，组织特殊协调，以保护整体、突出重点；把此外的"其他协调"的责任留给设计创作者，以利于保护、拓展城市和建筑的创新空间？

城市演进不断，规划探索无限。生活生产文明地，人类家园不变。纸上漫步终浅，绝知躬行须攀。且随时空行自然，扪心安宁一片。

参考文献

[1] 吴志强，李德华. 城市规划原理 [M]. 4 版. 北京：中国建筑工业出版社，2010.

[2] 董鉴泓. 中国城市建设史 [M]. 3 版. 北京：中国建筑工业出版社，2004.

[3] 潘谷西. 中国建筑史 [M]. 6 版. 北京：中国建筑工业出版社，2009.

[4] 沈玉麟. 外国城市建设史 [M]. 北京：中国建筑工业出版社，1989.

[5] 彼得·霍尔. 明日之城：1880 年以来城市规划与设计的思想史 [M]. 童明，译. 上海：同济大学出版社，2017.

[6] 高彩霞，丁沃沃. 城市街廓形态与城市法规 [M]. 北京：中国建筑工业出版社，2022.

后　记

从事近四十年的城乡规划建设工作，适逢国家改革开放、城镇化快速发展，城市规划枯木逢春、蓬勃兴旺；庞大的城乡建设和社会需求提供了无边的实践泳道，工作团队、同行和业友给了我无尽的帮助、教益和启迪。

健身房的泳池、跑步机和外秦淮河边的水、陆漫步，是本书大部分想法初始产生的时空场所。信步无疆、随机而思、反刍消化，生成"漫步"之果。

老伴丁沃沃是漫步之侣，途生想法不便笔记，立即对人说一遍可以加深印象；是写作过程中的探讨、助力者，从她的专业角度提供了不少见解和参考资料；是书稿的第一个读者，在修改过程中给了我许多启发和建议。

两位老友——中国城市规划学会副理事长石楠先生、原江苏省城市规划设计研究院院长邹军先生，也是许多规划编制项目的主要合作者，给了我友情的鼓励和真灼的建议，使本书得以增色。

江苏省城镇化和城乡规划研究中心何常清先生在图表的电脑制作和版式编排等方面补我不足，王征、崔艳两位女士在资料查询方面给我帮助，都是本书写作过程中不能忘却的。

本书责任编辑黄翊女士在文字的完善和图纸的修改等方面给了我很多宝贵的帮助和建议。

谨向给予本书直接帮助的各位和相关合作者诚致谢意。

张　泉

2022 年 10 月 27 日